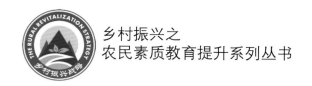

乡村振兴之
农民素质教育提升系列丛书

水稻生产技术与病虫害防治图谱

◎ 周继中　杨春华　主编

U0344764

中国农业科学技术出版社

图书在版编目（CIP）数据

水稻生产技术与病虫害防治图谱 / 周继中，杨春华主编 . —北京：
中国农业科学技术出版社，2019.7（2024.10 重印）

乡村振兴之农民素质教育提升系列丛书

ISBN 978-7-5116-4113-7

Ⅰ.①水… Ⅱ.①周… ②杨… Ⅲ.①水稻栽培—图谱 ②水稻—病虫
害防治—图谱 Ⅳ.①S511-64 ②S435.11-64

中国版本图书馆 CIP 数据核字（2019）第 060306 号

责任编辑　张国锋
责任校对　贾海霞

出 版 者　中国农业科学技术出版社
　　　　　　北京市中关村南大街12号　　　邮编：100081
电　　话　（010）82106631（编辑室）　（010）82109702（发行部）
　　　　　　（010）82109709（读者服务部）
传　　真　（010）82106631
网　　址　http://www.castp.cn
经 销 者　全国各地新华书店
印 刷 者　中煤（北京）印务有限公司
开　　本　880mm×1 230mm　1/32
印　　张　3
字　　数　85千字
版　　次　2019年7月第1版　　2024年10月第5次印刷
定　　价　29.00元

《水稻生产技术与病虫害防治图谱》

编委会

主　编	周继中	杨春华
副主编	何　伟	曹景生
	梁海萍	吴　明
编　委	翁钰玲	张　炬
	陈兵芳	周成建

我国农作物病虫害种类多而复杂。随着全球气候变暖、耕作制度变化、农产品贸易频繁等多种因素的影响，我国农作物病虫害此起彼伏，新的病虫不断传入，田间为害损失逐年加重。许多重大病虫害一旦暴发，不仅对农业生产带来极大损失，而且对食品安全、人身健康、生态环境、产品贸易、经济发展乃至公共安全都有重大影响。因此，增强农业有害生物防控能力并科学有效地控制其发生和为害成为当前非常急迫的工作。

由于病虫防控技术要求高，时效性强，加之目前我国从事农业生产的劳动者，多数不具备病虫害识别能力，因混淆病虫害而错用或误用农药造成防效欠佳、残留超标、污染加重的情况时有发生，迫切需要一部通俗易懂、图文并茂的专业图书，来指导农民科学防控病虫害。鉴于此，我们组织全国各地经验丰富的培训教师编写了一套病虫害防治图谱。

本书为《水稻生产技术与病虫害防治图谱》，主要包括水稻生产技术、水稻病害防治、水稻虫害防治等内容。首先，从播前准备、育秧技术、适时移栽、田间管理、收获与贮藏等方面对水稻生产技术进行了简单介绍；接着精选了对水稻产量和品质影响较大的11种病害和11种虫害，以彩色照片配合文字辅助说明的方式从病虫害（为害）特征、发生规律和防治方法等进行讲解。

本书通俗易懂、图文并茂、科学实用，适合各级农业技术人员和广大农民阅读，也可作为植保科研、教学工作者的参考用书。需要说明的是，书中病虫草害的农药使用量及浓度，可能会因为水稻的生长区域、品种特点及栽培方式的不同而有一定的区别。在实际使用中，建议以所购买产品的使用说明书为标准。

由于时间仓促，水平有限，书中难免存在不足之处，欢迎指正，以便再版时修订。

编　者
2019年2月

CONTENTS 目　录

第一章
水稻生产技术

一、播前准备

1.品种选择

选取经过有关部门审（认）定和米质监测单位测定的符合国家或地方优质米标准的，经试验示范表现为抗病虫、抗逆性强、适应性好、丰产稳产、稻米品质优、相对稳定的品种，如百香139（武宣）、玉丝占（武宣）、丝香1号（武宣）、五山丝苗、桂育7号、柳丰香占、粤丰占、桂华占等品种，主要以中熟品种为主，适宜早、晚稻种植，抗性好，产量较高，米质中上，市场卖价高。种子质量必须达到国家二级以上，及纯度98%以上，净度98%以上，发芽率80%以上，含水量不高于13%。品种2～3年要轮换一次，保持品种抗性，减少病虫害的发生。

同一产地最好统一品种，集中开发，形成一村（屯、片）一品或一乡一品，避免在同一产地内品种不同而造成的不利影响。

2. 播前处理

播种前种子要经过晒种、选种、浸种、消毒和催芽处理，以杀灭病菌，提高种子发芽率、整齐度。

（1）晒种　在浸种前2~3天，选择晴天把谷种翻晒1~2个半天（图1-1），注意不在中午阳光过猛的时候晒，以防晒伤种胚，影响发芽。稻种翻晒的目的在于利用太阳光热，促进种子内酶的活动，提高生命力，增强吸水力，从而提高发芽率，使发芽快而整齐。

图1-1　晒种

（2）选种　饱满的种子营养丰富，发芽整齐，育出的秧苗粗壮，抗病力强，少烂秧。选种的方法是用比重法进行选种，先把谷种浸在清水中除去空粒，滴干水后再放入比重1.08~1.10（放入一个新鲜鸡蛋，鸡蛋浮起约2分镍币大小即为该比重）的黄泥水或盐水中，除去不饱满粒。也可用筛选、清水选。用盐水、黄泥水选种后，要冲洗干净，以免有碍发芽。

（3）种子消毒和浸种　种子常带有稻瘟病、胡麻叶斑病、白叶枯病、恶苗病等种传性病害。种子消毒可减少这些病害。种子消毒可用25%使百克乳油2 000～3 000倍药液，浸泡水稻种子24～48小时（图1-2），浸后（不用清洗）直接催芽播种；或将谷种用清水预浸吸水（早稻常规预浸24小时，杂交稻预浸12小时），捞起滴干水分后再浸入85%强氯精300～500倍液中消毒24小时，然后用清水清洗干净即可催芽播种。种子不能催芽过长，为了控制秧苗伸长，可用多效唑处理。

图1-2　浸种

（4）催芽　催芽（图1-3）的方法有多种，但有一个共同的要求，就是谷芽出得快、齐、壮。要达到这个要求，就要掌握好催芽的3个阶段：高温破胸，适温催芽，常温炼芽。

①高温破胸（露白）：这个阶段主要是掌握适宜的高温。一般以35～38℃为宜，最高不超过40℃。一般经过12小时以上就能

破胸。

②适温催芽：当谷种露白90%以上时，进行翻动，将温度降到28～32℃。因为温度过高，消耗养分多，影响谷芽苗壮，而且容易发生烧芽。要掌握"干长根，湿长芽"的原理，每天翻动淋水两三次，特别是晚造催芽，时值高温，谷种发芽生长快，温度升得快，释放有害物质多，更要注意翻动淋水，降温除害。给根芽的生长提供良好的条件保证谷芽发育生长整齐，促使达到根粗芽壮的要求。

③常温炼芽：当谷种的根有一两粒谷长、芽有大半粒谷长时，将谷种摊开，进行降温，在接近当时的气温下进行炼芽，提高对外界条件的适应能力。若遇寒潮不能播种，可在通风的室内，把谷种摊在竹垫上，3寸（10厘米）厚度左右，适当翻动，保持谷种不干白，干了喷些水。室内温度保持在14～16℃，可维持几天不烂种。等天气好转，及时播种。

图1-3　催芽

二、育秧技术

1. 种苗水肥管理

种子出苗后到第3张叶完全展开即"三叶期"时，种子本身胚乳中的养分耗尽，幼苗开始独立生活，进入"离乳期"。对于旱育秧秧苗期需肥量相对较少，在苗床充分培肥的情况下，秧苗期一般不需要再施追肥。但对于培肥不好、底肥不足、出现落黄的秧田，要及时撒施速效氮肥，每亩施10～20千克尿素，并及时浇水，以防肥害。水育秧秧苗期需肥量相对较大，追肥量较多，要求少量多次均匀撒施，防止烧苗。

秧苗阶段必须保持一定的土壤湿度，要求相对含水量达80%以上。在浇透底水的情况下，原则上在2叶前尽量不要浇水。以后浇苗床水要做到三看：一看早晚叶尖有无露珠；二看中午高温时新展开的叶片是否卷曲；三看苗床土表面是否发白。如果早、晚叶片不吐水，午间新展开叶片卷曲，床土表面发白，应把一上午晒温的水一次浇足、浇透，尽量减少浇水次数，更不要冷水灌床，会导致冷水僵苗，影响稻苗生长发育。当秧苗1叶1心期时，每盘用尿素2克对水100倍液喷洒一次叶面肥；当秧苗2.5～3叶时，如发现秧苗长得矮小、细弱，再喷洒一次叶面肥，喷肥后要喷清水防止烧苗。

2. 大田集中育秧（旱育秧）

"育秧先育根"，培育壮秧关键在于良好的土壤环境，因此秧床宜选择背风向阳、水源方便、运秧方便、土层深厚、肥沃疏松的旱地或菜地。在播前10～15天，将床土进行耕翻，按每平方米苗床施入充分腐熟的农家肥10～15千克，与土壤充分混合均匀，并除净杂草。在播前3～4天将经过培肥的床土全面耕翻一次，同时施放苗床基肥，施肥量按每平方米苗床施尿素15克、过磷酸钙80克、氯化钾20克，或者施复合肥130克，充分混合均匀准备起厢。厢宽以能竖放两个秧盘为宜，即1.2～1.3米宽，厢沟60～70厘米，厢长不超过15米，厢高15厘米。四周开通排水沟，厢面土要精细平整。

（1）编织布隔层育秧　将编织布拉紧铺平后，铺上厚度为2厘米左右的肥泥或泥浆，用耥耙耥平，然后均匀播撒种子，播种后压种入泥或用细土盖种（图1-4）。

（2）塑盘育秧　选用434孔塑盘，早稻每亩用60～65张，晚稻每亩用65～70张。播种时匀播稀播（图1-5）。

图1-4　编织布隔层育秧　　　　图1-5　塑盘育秧

3. 育秧方式

水稻育秧有水育秧、湿润育秧、旱育秧和工厂化集中育秧等几种主要方式。

（1）水育秧　水育秧是整个育秧期间，秧田以淹水管理为主的育秧方法，对利用水层保温防寒和防除秧苗杂草有一定作用，且易拔秧，伤苗少，盐碱地秧田淹水，有防盐护苗的作用。但长期淹水，土壤氧气不足，秧苗易徒长及影响秧根下扎，秧苗素质差，目前已很少采用。

（2）湿润育秧　　是介于水育秧和旱育秧之间的一种育秧方法，其特点是在播种后至秧苗扎根立苗前，秧田保持土壤湿润通气，以利根系发育。在扎根立苗后，采取浅水勤灌相结合排水晾田，20世纪50年代以后湿润育秧逐步代替了传统的水育秧。

（3）旱育秧　　是整个育秧过程中只保持土壤湿润的育秧方法，旱育秧通常在旱地进行，秧田采用旱耕旱整，秧田通气性好，秧苗根系发达，插后不易败苗，成活返青快，是我国正大力推广的主要育秧方式。

（4）工厂化集中育秧　　是结合机插的新型育秧方式。工厂化集中育秧技术要点如下。

① 流水线播种。摆盘：选择硬盘育秧，机插行距为30厘米时，每亩（1亩≈667米^2）用58厘米×28厘米×2.5厘米的秧盘20～25个；若机插行距为25厘米，每亩用58厘米×23厘米×2.5厘米秧盘30～35个。补水：床土（基质）要求相对含水量达80%。可结合喷洒65%敌克松与水配制成1∶（1 000～1 500）的药液喷浇消毒。播种：可用人工或采用手推式播种机播种。常规稻每盘播芽谷120～150克，杂交稻每盘播芽谷80～100克；覆土：厚度为0.2～0.5厘米，以盖过芽谷为宜。

② 叠盘催芽。将播好种的秧盘叠盘摆齐送入密封式催芽室进行催芽。叠盘高度一般20盘为一摞，摞与摞之间应留有15毫米左右的间隙，催芽温度为30～35℃，湿度为90%，催芽时间为48小时左右。当幼芽出土达90%、芽长3～5毫米时即可将温箱慢慢降温并进行5～6小时的炼芽。

③ 入棚绿化。催芽后入棚上架育秧（图1-6），棚内温度控制在30～34℃。在出苗阶段以封棚为主，适当通风，即1叶1心至2叶1心期白天通风，夜晚封棚；2叶1心期后全天通风不封棚，降温炼苗；若遇低温（15℃以下）天气，应推迟通风，并做到日揭夜封。

图1-6　入棚上架育秧

④ 水肥管理。秧苗阶段必须保持一定的土壤湿度，要求相对含水量达80%以上，每天喷水2~3次。当秧苗1叶1心期时，每盘用尿素2克对水100倍液喷洒一次叶面肥；当秧苗2.5~3叶时，如发现秧苗长得矮小、细弱，再喷洒一次叶面肥，喷肥后要喷清水防止烧苗。要严防恶苗病、青枯病、稻瘟病等发生。青枯病可在2叶1心期、3叶1心期喷施旱秧绿2号防治。稻瘟病可在2叶1心期、3叶1心期及机插前1~2天用稻病清防治。

⑤ 炼苗壮秧。经温室绿化7天后，秧苗长至2.5叶时停止加热，开始炼苗。炼苗可在棚内进行，也可以搬到棚外炼苗。有条件的最好移到大田炼苗。

4. 培育壮秧

俗话说"秧好一半稻""好秧长好稻"。因此壮秧是提高秧苗抗逆性、实现安全优质高产的基础。优质水稻生产采用规范化旱育秧方式育秧，培育出矮壮多蘖秧苗。实践证明，在出苗后15

天喷施，每平方米用15%多效唑0.2～0.3克矮化促蘖效果好。壮苗标准：叶龄3～3.5叶，苗高12～14厘米，单苗根数9～11条，茎粗2.5～3毫米，百株干重3～3.5克，带蘖率30%以上。

三、适时移栽

1. 本田整地

（1）一般田整地　洼地或黏土地最好是秋翻，需要春翻时，应当早翻地，翻地不及时土不干，泡地过程中不把土泡开很难保证耙地质量。耙地并不是耙得越细越好，耙地过细，土壤中空气少，地板结影响根系生长。因此，耙地应做到在保证平整度的前提下，遵守上细下粗的原则，既要保证插秧质量，又要增加土壤的孔隙度。

（2）节水栽培整地　春季泡田水占总用水量的50%左右，而夏季雨水多，一般很少缺水。所以春季节水成为节水种稻的关键，水稻免耕轻耙节水栽培技术，极大地缓解了春季泡田水的不足，解决了井灌稻田的缺水问题。但此项技术不适应于沙地等漏水田。水稻免耕轻耙节水栽培技术的整地主要是在不翻地的前提下，插秧前3～5天灌水。耙地前保持寸水，千万不能深水耙地。因为此次耙地还兼顾除草，水深除草效果差。耙地应做到使地表3～5厘米土层变软，以便插秧时不漂苗。

（3）盐碱田整地　盐碱地种稻在我国相对比较少，但也有一部分播种面积。盐碱地稻田为了方便洗碱，一般要求选择排水方便的地块，并且稻田池应具备单排单灌。稻田盐碱轻（pH值8.0以下）时，除了新开地外，可以不洗碱。pH值8.0～8.5的中度盐碱时，必须洗1～2次。洗盐碱时，水层必须淹没过垡块，泡2～3天后排水，洗碱后复水要充足，防止落干，以防盐碱复升。经过洗盐碱，使稻田水层的pH值降至轻度盐碱程度后施肥、插秧。

（4）机插秧田整地　机械插秧的秧苗小，插秧机比较重，整地要求比较严格。机插秧地的翻地不能过深，翻地过深时犁底容易不平，造成插秧深度不一致，一般10厘米即可。耙地使用大型拖拉机时，尽量做到其轮子不走同一个位置，以便减少底部不平。耙地后的平整度应在5厘米以内。

（5）旱改水田整地　一般玉米田使用阿特拉津、嗪草酮、赛克津等除草剂，大豆田用乙草胺、豆黄隆、广灭灵等除草剂除草。这样的除草剂的残效期都在两年以上，在使用这些除草剂的旱田改水田时，容易出现药害，表现为苗黄化、矮化、生长慢、分蘖少或不分蘖。如果使用上述农药的旱田改种水稻时，尽量等到残效期过后改种。旱田非改不可时，即使是没用上述农药，旱田改种水稻时，耙地前必须先洗一次。插秧前或插秧后，打一些沃土安、丰收佳一类的农药解毒剂。

2. 合理移栽

抛插秧前做到"三带"，实行健身栽培。秧苗"三带"：一带土，能保证插秧质量，有利于秧苗快速返青成活；二带肥，每平方米苗床施磷酸二铵150克，然后浇水洗苗，能促进根系发育；三带药，每100平方米苗床用4克艾美乐对水喷苗床预防潜叶蝇，同时喷施75%三环唑或天丰素1 500倍液健身栽培。

根据不同的插秧方式和品种等条件采取不同的移栽秧龄和密度。

（1）抛栽　早稻移植秧龄20～25天，叶龄3.5～4.5叶；晚稻移植秧龄15天左右，叶龄4.0～5.0叶。杂交稻每亩种植1.8万～2.2万蔸，每蔸2粒种子苗；常规稻每亩种植2.0万～2.3万蔸，每蔸3粒种子苗。

抛栽包括人工抛秧和机械抛栽。人工抛秧一般土壤在耕田后土质松软、表面处于泥浆状态时，最适合抛栽。烂泥田耙后要等浮泥沉实后抛秧，不使秧苗下沉太深。沙质土要随耙随抛，有利于立苗。抛秧最好选在阴天或晴天的傍晚进行，这样抛栽后秧苗容易立苗。抛栽时人退着往后走，一手提秧篮，一手抓秧抛，或者直接将秧盘搭在一只手臂上，另一手抓起秧苗，把根块抖一两下，使秧块散开即可抛栽。抛栽时要尽量抛高、抛远，抛高3米左右，先远后近，先撒抛，后点抛。先抛完70%～80%总秧量之后，每隔3米宽拉绳捡出一条30厘米宽的人行走道，以便田间管理以及开丰产沟烤田。再在人行走道中，将剩下的20%～30%秧苗补稀补缺，尽力使分布均匀一致，并用竹竿进行移稠补稀。如果一时来不及，移稠补稀可在抛后2～3天内做完。

机械抛栽的优点是抛秧效率比人工高，而且也比人工抛秧均匀。机械抛栽一般以抛栽中、小苗秧效果较好。机械抛栽具体操作技术应按不同型号机械操作说明进行。

（2）机栽

移植秧龄15～20天，苗高13～18厘米，叶龄3.5～4.0叶。机插行距25～30厘米，株距12～16厘米，亩插2.0万穴左右，确保亩基本苗6万～8万苗（图1-7）。

图1-7　机插秧

四、田间管理

1. 分蘖拔节期生产管理

分蘖拔节期是指秧苗移栽返青到孕穗之前的这段时间。水稻返青后分蘖开始发生，直到开始拔节时分蘖停止。一部分分蘖具有一定量的根系，以后能抽穗结实，称为有效分蘖；一部分出生较迟的分蘖以后不能抽穗结实或渐渐死亡，这部分分蘖称为无效分蘖。分蘖前期产生有效分蘖，这一时期称有效分蘖期，而分蘖后期所产生的是无效分蘖，称无效分蘖期。

水稻分蘖拔节期是促进个体健壮生育，构造高产群体结构的关键时期，此时必须加强水肥管理（图1-8）。

图1-8　分蘖期追肥

（1）早施、适施分蘖肥　在返青至分蘖期间施用分蘖肥，一般要求在插后3～7天完成，以促进早分蘖，并提高成穗率；前期气温较低，分蘖较慢，应抓紧早追和轻施分蘖肥；如出现脱肥现象，也可以酌量重施分蘖肥。

（2）浅水勤灌、适当晒田　在水稻分蘖期间，一般灌水3厘米左右，能提高低温水温，促进土壤养分分解，分蘖节处的光照和氧气充足，促进分蘖的发生和生长。当有效分蘖期结束后，要灌深水抑制分蘖发生。生长过旺，可结合排水晒田，控制生长，减少无效分蘖，对防治倒伏有明显作用。

2.抽穗扬花期生产管理

幼穗自剑叶叶鞘抽出叫抽穗（图1-9）。穗自穗顶露出叶鞘到全穗抽出需3～5天。一般情况下，主茎首先开花，然后各个分蘖开花，在一个穗上，自上部枝梗依次向下开放。在一个枝梗上顶端第一朵花先开，然后由基部向上顺序开放，先开的花叫强势花，如营养条件不足，穗下部的弱花容易灌浆不足造成秕粒。正常情况下，每天上午9—10时开花，11—12时开花最盛，下午2—3时停止。水稻开花受精过程容易因低温或其他外界因素影响而遭到破坏，形成空壳，水稻开花受精最适宜的温度为30～35℃。水稻抽穗扬花期对水分反应十分敏感，如在抽穗扬花期干旱，水稻颖花退化十分突出，空秕粒增多，粒重降低。所以，水稻抽穗扬花灌浆期间，要保证水分供给，保证养分正常输送，以提高光合作用利用

图1-9　抽穗扬花期

率。其次是在水稻抽穗扬花灌浆期间，不能长期深水管理。深水管理导致根系活力降低，根系早衰，作物养分输送受阻，抗病性减退，按水稻专家的说法"水是水稻命，也是水稻的病""水稻能在水边生，不能在水里长。"所以，水稻中后期的水分管理应以间歇灌溉为主，干干湿湿，田面不开裂为宜，达到养根护叶增粒增重，植株青枝蜡秆稻穗金黄二色的目的。

抽穗扬花期必须加强水肥管理。

① 破口抽穗期对水分要求较高，是生理需水最旺盛的时期，稻田的蒸腾最大的时期，需要有足够的水分保证。

② 施补适当叶面肥，增加千粒重：水稻抽穗后根系活力下降，功能叶逐渐枯黄，容易脱肥而引起叶片过早发黄枯死，稻株光合作用的能力减弱。补施粒肥能防止功能叶早衰、提高结实率、增加千粒重，施用的方法主要采用叶面喷施的方法。尿素每亩用0.5千克对水50～100千克，喷施浓度为1%。磷酸二氢钾每亩用150克对水75千克混匀后喷施。微量元素喷施的浓度一般为0.01%～0.1%。

3. 灌浆结实期生产管理

水稻灌浆成熟期是叶同化产物向籽粒转运积累的关键时期，也叫产量形成期。进入灌浆期是决定结实率和粒重的关键时期，提高产量的关键就在于此时期如何保有高度同化能力的叶片和生命力旺盛的根系。在该时期水稻根系活力下降，叶片养分迅速向籽粒转移，极易衰退落黄。

在该时期高产栽培必须讲究保持根系活力，以根保叶，以叶养粒。如果因管理措施不当或不科学，很容易造成水稻的早衰或贪青，造成产量损失。因此，继续抓好水稻后期的管理对于确保水稻增产增收，意义十分重大。

（1）水分管理　水分管理上应坚持间隙灌溉的水管方式，也就是灌一次浅水，2~3天田间自然落干，湿润2~3天，再上新水，但要防止田土发白，俗话"后期白一白，产量差一百"。通过间歇灌溉、干湿交替，能起到以水调肥，以气养根，以根保叶，达到籽粒饱满，提高产量的目的。同时强调的是稻田后期断水不能过早，一般要求在成熟前5~7天断水待收，断水过早，茎叶早枯，影响米质和粒重。俗话说"多灌一次水，多长一层皮"，说明后期断水迟早对水稻粒重的影响。

（2）叶面喷肥　灌浆初期采用叶面喷肥或喷施生长调节剂等手段，补充营养，防止早衰、促进叶片的光合能力和加速养分向籽粒转化，喷肥时间以下午4时以后较为安全。具体方法：一是水稻后期喷施氮肥，可延长功能叶寿命，防止脱氮早衰。在灌浆初期喷施1%尿素溶液。二是喷磷钾肥，可提高结实率和千粒重，促进早熟。抽穗至灌浆期喷2次2%的过磷酸钙溶液（每亩可用过磷酸钙1~2千克，每千克加水50千克，边倒边拌，经24小时过滤去渣后使用）或高效硝铵复合肥0.5~0.75千克，加0.1%~0.2%磷酸二氢钾，对水60~75千克喷施，在缺氮田块可在配制好的磷肥溶液中添加适量尿素混喷。三是推广生长调节剂。后期根系衰老较快，肥料供应不足、有缺素症状的田块可适时喷施惠满丰等生长调节剂，改善根系活力和叶片光合功能，促进光合产物向籽粒转运。

五、收获与贮藏

1. 适时收获

当稻穗外部形态形成，谷粒全部变硬，穗轴上干下黄，有70%梗已干枯，就表明水稻已经成熟，应及时抢晴天收获。过早收获青米多，谷粒轻，影响品质；过晚收获，稻粒易脱落，影响产量。

如果地块较小，可以进行人工收割。如果地块面积较大，可以用收割机进行收割（图1-10），收割水稻之前，一定要认真清理收割机。早晨有露时收割最好，可以防止落粒，减少损失。要做到低留稻茬3～4厘米，这样有利于收割后进行揭膜和清捡废膜。注意边收边脱，优质水稻必须做到单独晾晒、单贮单运，防止和普通稻米混合。

图1-10　机械收获水稻

2. 稻谷干燥

稻谷中的水分不仅对籽粒的生理有着很大影响，也与稻谷的加工及保存有很大关系。因此，水稻收获后应及时晾晒，防止潮湿霉烂降低品质。切忌长时间堆垛，如果遇到雨天，应及时收藏遮盖。

目前，稻谷的干燥方法主要有两种。

（1）自然干燥法 一般采用席子垫晒或室内阴干或晒谷层加厚晒干，其稻谷的整精米率较水泥场薄层暴晒高，因为高温暴晒使稻谷裂纹率或爆腰率相应增大，整精米率及米饭黏度和食味也下降。

（2）机械加热干燥法 水稻收获后适时干燥并控制好干燥结束时含水量，是机械加热干燥的技术关键（图1-11），其要点如下。

图1-11 机械干燥

① 适时干燥收获后的稻谷。刚收获的稻谷含水量并不均匀，立即加热干燥易引起含水多的米质变差，故先在常温下通风预备干燥1小时，以降低稻谷水分及其偏差。但稻谷若长期贮放，又易使微生物繁殖而产生斑点且形成火焦米。

② 正确设置干燥时温度。温度宜控制在35～40℃以内，先用低温干燥，并随水分下降逐渐升温，干燥速率宜控制在每小时稻谷含水量下降0.7个百分点以内。

③控制好干燥结束时含水量，一般以15%为干燥结束时的标准含水率。由于干燥后稻壳和糙米间有5%的水分差，为防止过度干燥，应事先设置干燥停止时的糙米含水率（15%），达到设定值时停止加热，利用余热干燥达到最适宜的含水量。

3. 稻谷贮藏

（1）稻谷入仓前要做好备仓工作　粮食入仓前一定要做好空仓消毒（使用储粮防护剂，如防虫磷、杀虫松、保安定、保粮安、保粮磷等消毒），空仓杀虫（使用空仓杀虫剂，如敌百虫、辛硫磷等对空仓、包装器材、运输工具、铺垫物、装具、粮油加工厂车间等杀虫），完善仓房结构（主要是仓墙、地坪的防潮结构和仓顶的漏雨）等（图1-12）。

图1-12　贮藏的稻谷

（2）把好稻谷入库质量关　稻谷入库，要严禁"三高——高水、高杂、高不完善粒"稻谷入仓。入库水分不宜超过本地安全贮藏水分（15%）。稻谷入仓前要经扬风或过筛，以除去稗子、杂草、糠灰等杂质和瘪粒，通常将杂质含量降至0.5%以下。入库时要坚持做到"五分开"，品种、等级、水分、新陈、有无害虫分别存放，提高储粮的稳定性。

（3）做好储藏管理

储藏管理要求是：保持仓内干燥，采取有效降水、合理通风密闭的保粮措施，确保稻谷储存安全。

新稻谷入仓后，生理活性强，堆内易积热，并会导致发热、结露、生霉、发芽等现象。因此，应根据气候特点适时通风，缩小粮温与外温及仓温的温差，防止发热、结露。

气温下降之后要勤翻粮面，散发粮堆中、下层的湿热。使用鼓风机对粮堆进行通风，防止结露。

长期保管的稻谷，在冬季应充分利用干燥寒冷的天气进行通风。温度上升季节用时密闭保低温。

（4）做好储粮害虫防治　稻谷中的储粮害虫防治，同样要贯彻"预防为主，综合防治"的方针，做好仓库、加工厂和其他有关场所的一切预防工作，使储粮害虫无藏身之地。

入库的稻谷应首先达到干、饱、净和无虫，储藏期间还要注意防止感染。一旦发现或发生害虫，则应积极采取有效的治杀措施，要治早、治彻底。防止储粮害虫还应坚持"安全、经济、有效"的原则，可根据害虫发生的具体情况和所具备的条件，采取一下措施。

① 检疫防治。其目的在于严禁"检疫对象"在国际间或地区间的相互传播。

② 习性防治。主要是根据各种储粮害虫的生活习性，采取简单易行的方法来消灭害虫。

③ 卫生防治。主要包括清洁、消毒、改造仓房环境和隔离工作等几个方面。

④ 物理防治。主要是利用高温或低温，破坏害虫的生理机

能，使其死亡或抑制其生长与繁殖。

⑤ 机械防治。利用人力或动力机械设备来防治储粮害虫，适用于基层粮库的是风车除虫和筛子除虫。

⑥ 化学防治。利用杀虫药剂防治储粮害虫的方法，其优点是杀虫力强，见效快。但由于大量使用化学药剂，造成粮食的污染和带毒以及害虫耐药性增加。因此，对于化学防治来讲，应该少用药或应该选用高效低毒的药剂。

各种防治方法各有其优缺点，使用时不宜孤立起来，而是要相互配合、相互补充才能收到应有的防治效果，且最好根据具体情况，因地制宜开展综合防治。

第二章
水稻病害防治

一、稻瘟病

（一）病害特征

稻瘟病是各地水稻较普遍发生且对水稻生产影响最严重的病害之一，分布广，为害大，常常造成不同程度的减产，还使稻米品质降低，轻者减产10%～20%，重者导致颗粒无收。播种带病种子可引起苗瘟，苗瘟多发生在三叶前，病苗基部灰黑，上部变褐，卷缩而死，湿度大时病部产生灰黑色霉层（图2-1）。叶瘟多发生在分蘖至拔节期为害，慢性型病斑，开始叶片上产生暗绿色小斑，逐渐扩大为梭形斑，病斑中央灰白色，边缘褐色，病斑多时有的连片形成不规则大斑（图2-2至图2-4）。常出现多种病斑如急性型病斑、白点型病斑、褐点形病斑等。节瘟多发生在抽穗以后，起初在稻节上产生褐色小点，后逐渐绕节扩展，使病部变黑，易折断（图2-5）。穗颈瘟多在抽穗后，初形成褐色小点，后扩展使穗颈部变褐色，也造成枯白穗（图2-6）。谷粒瘟多发生开花后至籽粒形成阶段，产生褐色椭圆形或不规则病斑，可使稻谷变黑，有的颖壳无症状，护颖受害变褐，使种子带菌。

图2-1　苗瘟症状

图2-2　叶瘟初期症状

图2-3　叶瘟后期症状

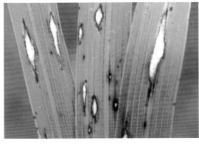

图2-4　叶瘟病斑症状

图2-5　节瘟

图2-6　穗颈瘟及谷粒瘟

（二）发生规律

稻瘟病病原菌为稻梨孢，属半知菌亚门真菌，病菌以分生孢子或菌丝体在带病稻草或稻谷上越冬，次年7月上旬，温度适宜时，病稻草上的病菌借气流传播到水稻叶片上引起发病。在病斑上发生大量的灰绿色霉层就是病菌，靠风、雨再传染到其他叶片、节、穗颈上，造成持续发病。水稻不同品种间抗病性差异较大，种植感病品种、插秧密度过大、施用氮肥过多过晚，都会导致发病加重。若7月中下旬阴雨连绵，雨日多，形成低温、高湿、光照少的田间小气候有利于稻瘟病的发生。

（三）防治方法

1. 农业防治

首先是选用抗病品种；及时清除带病植株根系残茬，减少菌源；合理密植，适量使用氮肥，浅水灌溉，促植株健壮生长提高抗病能力。

2. 种子处理

种子处理主要是晒种、选种、消毒、浸种、催芽等。晒种：选择晴天晒种1～2天。选种：将晒过的种子用比重为1.13的盐水或硫酸铵选种。浸种消毒：浸种的温度最好是12～14℃，时间在8天左右且积温保持在80～100℃，浸好的种子应该稻壳颜色变深，呈半透明状，透过颖壳可以看到腹白和种胚，稻粒易掐断。催芽：将充分吸胀水分的种子进行催芽，温度保持在30～32℃，破胸、适温长芽、降温炼芽的原则，当芽长到2毫米时即可进行播种。

3. 药剂防治

最佳时间是在孕穗末期至抽穗进行施药，以控制叶瘟，严防节瘟、茎穗瘟为主，需及时喷药防治。前期喷施70%甲基硫菌灵可湿性粉剂100～140克/亩，25%多菌灵可湿性粉剂200克/亩等药剂，分别对水35千克左右均匀喷雾。中期喷施20%三环·多菌灵可湿性粉剂100～140克/亩，或21%咪唑·多菌灵可湿性粉剂50～75克/亩，或50%三环唑悬乳剂80～100毫升/亩，或40%稻瘟灵乳油100～120毫升/亩，或25%咪酰胺乳油40毫升+75%三环唑乳油30～40毫升/亩等农药，或20%稻保乐可湿性粉剂100～120克/亩，分别对水35千克左右均匀喷雾。在孕穗末期至抽穗期，可喷施20%咪酰·三环唑可湿性粉剂45～65克/亩，或35%唑酮·乙蒜素乳油75～100毫升/亩，或20%三唑酮·三环唑可湿性粉剂100～150克/亩，或30%已唑·稻瘟灵乳油60～80毫升/亩，或40%稻瘟灵可湿性粉剂80～100克/亩，或50%异稻瘟净乳油100～150毫升/亩，分别对水40千克喷雾于植株上部。

二、水稻纹枯病

（一）病害特征

水稻纹枯病是水稻主要病害之一，发生普遍。病害发生时先在叶鞘近水面处产生暗绿色水渍状边缘模糊的小斑点（图2-7），后渐再扩大呈椭圆形或呈云纹状，由下向上蔓延至上部叶鞘。病鞘因组织受破坏而使上面的叶片枯黄。在干燥时，病斑中央为灰褐色或灰绿色，边缘暗褐色。潮湿时，病斑上有许多白色蛛丝状菌丝体，逐渐形成白色绒球状菌块，最后变成暗褐色菌块，菌核容易脱落土中。也能产生白色粉状霉层，即病菌的担孢子。叶片染病，病斑呈云纹状，边缘退黄（图2-8），发病快时病斑呈污绿色，叶片很快腐烂，湿度大时，病部长出白色网状菌丝，后汇聚成白色菌丝团，最后形成深褐色菌核（图2-9），菌核易脱落。该病严重为害时引起植株倒伏，千粒重下降，秕粒较多，或整株丛腐烂而死亡，或后期不能抽穗（图2-10），导致绝收。纹枯病以菌核在土壤中越冬，也能由菌丝或菌核在病稻草或杂草上越冬。水稻成熟收割时大量菌核落在田中，成为第二年或下季稻的主要初次侵染源。春耕插秧后漂浮水面或沉在水底的菌核都能萌发生长菌丝，从气孔处直接穿破表皮侵入稻株为害，在组织内部不断扩展，继续生长菌丝和菌核，进行再次侵染。长期淹灌深水或氮肥施用过多过迟，有利于该病菌入侵，而且也易倒伏，加重病害。

图2-7　水稻纹枯病分蘖期症状

图2-8　水稻纹枯病拔节期症状

图2-9　水稻纹枯病穗期症状

图2-10　水稻纹枯病菌核

（二）发生规律

水稻纹枯病是真菌性病害，病菌的菌核在种植土壤、禾秆病部、杂草等环境中越冬，是形成病害的初步传染源。在春季进行耕种时，大多数成功越冬的菌核都会在水面上漂浮，然后附着在水稻植株上。当自然环境温度较为适宜时，菌核会不断萌发，形成菌丝，侵染水稻，使水稻发病，而在高温、高湿条件下，可导致水稻纹枯病流行性暴发。在水稻种植后，病害发生过早、过多、过重，是当前稻区普遍存在的现象。

（三）防治方法

1. 农业防治

水稻种植主要在于水稻品种选择，因为好的品种能够阻挡病原菌，减少病害发生概率。通过实践研究可知，当前籼稻植株蜡质保护层较厚，硅化物质较多，实际抗病性较好，粳稻次之，糯稻实际抗病性最差。在相同的种植环境中，早熟品种的抗病性较低，迟熟品种的抗病性较好。

在水稻进行插秧之前需要及时捞出稻田水面上漂浮的菌核，全面减少菌源数。实际操作如下：通过放高水位（水位高度3.3～6.6厘米）耙田，使菌核漂浮在水面上，并停留一段时间之后，使漂浮在水面之上的枯枝、杂草、菌核等浪渣随风漂浮集中到下风田角、田边之后，通过细沙网等相关工具及时捞出水面上漂浮的枯枝和杂草、菌核，然后将其烧毁，从而能够有效控制菌源数量，对前期发病的早晚、轻重进行有效调控。

培育壮秧、合理密植、插足基本苗，是实现水稻抗病、高产、优质的重要配套技术，也是对纹枯病进行综合防治的有效措施。同时，种植户应施足基肥，合理追肥，增施磷钾肥，不偏施氮肥，既可促进水稻生长、提高产量，又能提高水稻的抗逆、抗病能力。

2. 化学防治

水稻纹枯病在发病初期，病情发展较为缓慢，发病后期病情发展迅速，为了控制病情必须及时施药防治。在分蘖期，当发现病丛率达到5%～10%时即可开始用药防治。大田孕穗期和抽穗期病情发展迅速，必须加强防治，控制病害发展。常规用药可选用井冈霉素粉剂、苯甲丙环唑乳油、己唑醇悬浮剂等农药对水喷雾，每次施药必须连续使用2次，第一次施药后隔7天左右再施第二次药，从而才能取得良好的防治效果。此外，施药时注意对水多一点，药水足才能有足量的药液喷到植株中下部，提高防治效果。

三、水稻矮缩病

（一）病害特征

水稻矮缩病感病的病叶症状有两种类型，白点型和扭曲型，白点型在叶片上或叶鞘上出现与叶脉平行的虚线状黄白色点条斑，以基部最明显；扭曲型，在光照不足条件下，心叶抽出呈扭曲状，随心叶伸展，叶片边缘出现波状缺刻，色泽淡黄。病株矮缩，不及正常高度的1/2（图2-11），分蘖增多，叶色暗绿，叶片僵硬，叶鞘上有黄白色与叶脉平行的继续的条点，茎秆下部节间和节上可见蜡泪状白条（图2-12）。分蘖期和苗期受害的病株矮缩，不能抽穗（图2-13、图2-14）。抽穗后感染的，结实率和千粒重降低。病株根系发育不良，大多老朽。

图2-11 病株与健株

图2-12 蜡泪状白条

图2-13 田间病株症状

图2-14 大田症状

（二）发生规律

　　水稻矮缩病毒可由黑尾叶蝉、二条黑尾叶蝉和电光叶蝉传播，以黑尾叶蝉为主。带菌叶蝉能终身传毒，可经卵传染。黑尾叶蝉在病稻上吸汁最短获毒时间5分钟。获毒后需经一段循回期才能传毒，循回期20℃时为17天，29.2℃为12.4天。水稻感病后经一段潜育期显症，苗期气温22.6℃，潜育期11～24天，28℃为6～13天。苗期至分蘖期感病的潜育期短，以后随龄期增长而延长。病毒在黑尾叶蝉体内越冬，黑尾叶蝉在看麦娘上以若虫形态越冬，翌春羽化迁回稻田为害，早稻收割后，迁至晚稻上为害，晚稻收获后，迁至看麦娘、冬稻等38种禾本科植物上越冬。带毒虫量是影响病害发生的主要因子。水稻在分蘖期前较易感病，冬春暖、伏秋旱利于发病，稻苗嫩、虫源多发病重。

（三）防治方法

1. 农业防治

选择抗病、耐病优良品种；施腐熟有机肥，合理施用氮肥，合理密植，防止稻田郁闭，减少叶蝉寄生；早期发现病株及时拔除并根治传毒害虫介体，铲除田头地边寄生性杂草。

2. 种子处理

用包衣剂包衣种子，或用广谱性杀虫剂拌种。

3. 药剂防治

以治虫防病为主要手段，可用10%异丙威可湿性粉剂200克/亩、25%速灭威可湿性粉剂150克/亩、50%杀螟松乳油50毫升/亩+40%稻瘟净乳油60毫升/亩，对水50～60千克均匀喷雾。或用25%甲萘威可湿性粉剂500倍液、20%喹菌酮可湿性粉剂1 000～1 500倍液、77%氢氧化铜悬浮剂600～800倍液，每亩用量50～60千克均匀喷洒，间隔7～10天，交替用药连续喷施2～3次防治效果更佳。

四、水稻恶苗病

（一）病害特征

水稻恶苗病又称白秆病，为水稻广谱性真菌病害之一。苗期以徒长型最为普遍，比正常苗高出1/3左右（图2-15、

图2-16）。假茎和叶片细长，苗色淡黄。旱育秧比水育秧发病重。水稻恶苗病大田发病主要表现节间明显伸长，节部常露于叶鞘之外，下部茎节逆生多数不定根（图2-17），分蘖较少或不分蘖（图2-18）。剥开叶鞘茎秆上还可见白色蛛丝状菌丝（图2-19）。大田发病较轻的提早抽穗，穗形小而不实，抽穗期谷粒也可受害，严重的变褐，不能结实，病轻的不表现症状，但谷粒内部已有菌丝潜伏，常作为传染源传染给下一代。

图2-15　病株细高

图2-16　大田症状

图2-17　茎节长倒生根

图2-18　分蘖少

图2-19　白色蛛丝状菌丝

（二）发生规律

　　水稻恶苗病的病菌在谷粒和稻草上越冬，次年使用了带病的种子或稻草，病菌就会从秧苗的芽鞘或伤口侵入，引起秧苗发病徒长。带病的秧苗移栽后，把病菌带到大田，引起稻苗发病。当水稻抽穗开花时，病菌经风雨传到花器上，使谷粒和稻草带病菌，循环侵染为害水稻。

（三）防治方法

1.农业防治

选用无病种子或播种前用药剂浸种是防治的关键措施；及时拔除病株并深埋或销毁；收获后及时清除病残体烧毁或沤制腐熟有机肥；不能用病稻草、谷壳做种子消毒或催芽投送物或捆秧把。

2.建立无病种子田

加强种子处理，播前晒种、消毒、灭菌要彻底；做好种子包衣或用广谱性杀菌剂拌种。

3.药剂防治

用2.5%咯菌腈悬浮剂200～300毫升/亩、50%多菌灵可湿性粉剂150～200克/亩、60%噻菌灵可湿性粉剂300～500克/亩，对水50～60千克常规喷雾，或用16%恶线清可湿性粉剂25克加10%二硫氰基甲烷乳油剂1 000倍液，或45%三唑酮·福美双可湿性粉剂500倍液、25%丙环唑乳油1 000倍液、25%咪酰胺乳油1 000～2 000倍液，每亩用稀释液50～60千克均匀喷雾。

五、水稻白叶枯病

（一）病害特征

水稻白叶枯病是水稻中、后期的重要病害之一，发病轻重及对水稻影响的大小与发病早迟有关，抽穗前发病对产量影响较大。该病主要有叶缘枯萎型、急性凋萎型和褐斑或褐变型。

1. 叶缘枯萎型

先从叶尖或叶缘开始，先出现暗绿色水浸状线状斑，很快沿线状斑形成黄白色病斑，然后病斑从叶尖或叶缘开始发生黄褐或暗绿色短条斑（图2-20），沿叶脉上、下扩展，病、健交界处有时呈波纹状，以后叶片变为灰白色或黄色而枯死。

2. 急性凋萎型

一般发生在苗期至分蘖期（秧苗移栽后1个月左右），病菌从根系或茎基部伤口侵入微管束时易发病，病叶多在心叶下1～2叶处迅速失水、青卷，最后全株枯萎死亡，或造成枯心，其他叶片相继青萎（图2-21）。病株的主蘖和分蘖均可发病直至枯死，引起稻田大量死苗、缺丛（图2-22）。

3. 褐斑或褐变型

病菌通过伤口或剪叶侵入，在气温低或不利于发病条件下，病斑外围出现褐色坏死反应带（图2-23），为害严重时田间一片枯黄。

图2-20　叶缘枯萎型　　　　　图2-21　急性凋萎型

图2-22　后期大田症状

图2-23　褐斑或褐变型

（二）发生规律

白叶枯病菌主要在稻种、稻草和稻桩上越冬，附近土壤中播种病谷，病菌可通过幼苗的根和芽鞘侵入。病稻草和稻桩上的病菌，遇到雨水就渗入水流中，秧苗接触带菌水，病菌从水孔、伤口侵入稻体。用病稻草催芽、覆盖秧苗、扎秧把等易于病害传播。水稻秧田期由于温度低，菌量较少，一般看不到症状，直到孕穗前后才暴发出来。病斑上的溢脓，可借风、雨、露水和叶片接触等进行再侵染。病菌经寄主水孔和伤口入侵致病。高温多雨，洪涝频繁最有利病害发生流行；肥水管理不当，偏施氮肥、深水灌溉、串灌、漫灌或稻田受涝，均易诱发病害流行，较易感病。

（三）防治方法

1. 农业防治

选择抗病、耐病优良品种；合理施用氮肥，合理密植，防止稻田淹水是防病关键；及时清理病残体并施腐熟有机肥，铲除田边地头病菌寄生性杂草。

2. 种子处理

用包衣剂包衣种子，或用温汤浸种、用广谱性杀菌剂拌种。

3. 药剂防治

可用10%硫酸链霉素可湿性粉剂50～100克/亩、3%中生菌素可湿性粉剂60克/亩、20%叶枯唑可湿性粉剂100克/亩、50%氯溴异氰尿酸水溶性粉剂60克/亩，对水50～60千克均匀喷雾。也可选用20%噻森铜悬浮剂300～500倍液、40%三氯异氰尿酸可湿性粉剂2 500倍液、20%喹菌酮可湿性粉剂1 000～1 500倍液、77%氢氧化铜悬浮剂600～800倍液，每亩用量50～60千克均匀喷洒，间隔7～10天，交替用药连续喷施2～3次防治效果更佳。

六、水稻稻曲病

（一）病害特征

水稻稻曲病是水稻生长后期穗部发生的一种真菌性病害，又称伪黑穗病、绿黑穗病、谷花病、青粉病，俗称"丰产果"。该病主要发生于水稻穗部，为害部分谷粒，轻者一穗中出现几颗病粒，重则多达数十粒，病穗率可高达10%以上。病粒比正常谷粒大3～4倍，整个病粒被菌丝块包围，颜色初呈橙黄（图2-24），后转墨绿（图2-25），后显粗糙龟裂，其上布满黑粉状物（图2-26、图2-27）。

（二）发生规律

近年来在全国各地稻区普遍发生且逐年加重，已成为水稻主要病害之一。多在水稻开花以后至乳熟期的穗部发生且主要分布在稻穗的中下部。感病后籽粒的千粒重降低、产量下降，秕谷、碎米增加，出米率、品质降低。该病菌含有对人、畜、禽有毒物质及致病色素，易对人造成直接和间接的伤害。

图2-24　水稻稻曲病前期症状

图2-25　水稻稻曲病中期症状

图2-26　水稻稻曲病后期症状

图2-27　水稻稻曲病病粒

（三）防治方法

1.农业防治

选择抗病耐病品种；建立无病种子田，避免病田留种；收获后及时清除病残体、深耕翻埋菌核；发病时摘除并销毁病粒；改进施肥技术，基肥要足，慎用穗肥，采用配方施肥；浅水勤灌，后期见干见湿。

2. 种子处理

建立无病种子田；种子用包衣剂包衣，或用广谱性杀菌剂拌种，可用85%三氯异氟尿酸可湿性粉剂300～500倍液浸种12～24小时，捞出沥水洗净，催芽播种；50%代森铵水剂500倍液浸种12～24小时，洗净药液后催芽播种。

3. 药剂防治

该病一般要求用药两次，第一次当全田1/3以上旗叶全部抽出，即俗称"大打包"时用药（出穗前5～7天），此病的初侵染高峰期，这时防治效果最好。第二次在破口始穗期再用一次药，以巩固和提高防治效果。抽穗前每亩用18%多菌酮粉剂150～200克，或在水稻孕穗末期每亩用14%络氨铜水剂250克、或5%井冈霉素水剂100克，对水50千克喷洒，施药时可加入三环唑或多菌灵兼防穗瘟。或每亩用40%禾枯灵可湿性粉剂60～75克，对水60千克还可兼治水稻叶枯病、纹枯病等。孕穗期和始穗期各防治一次，效果良好。

七、水稻烂秧病

（一）病害特征

水稻烂秧病是种子、幼芽和幼苗在秧田期烂种、烂芽和死苗的总称。烂种是指播种后不能萌发的种子或播后腐烂不发芽；烂芽是指萌动发芽至转青期间芽、根死亡的现象。水稻烂秧病可分为生理性和传染性两大类。

1. 生理性烂秧

常见有淤籽播种过深，芽鞘不能伸长而腐烂；露籽种子露于土表，根不能插入土中而萎蔫干枯；跷脚种根不入土而上跷干枯；倒芽只长芽不长根而浮于水面；钓鱼钩根、芽生长不良，黄褐卷曲呈现鱼钩状（图2-28、图2-29）；黑根根芽受到毒害，呈"鸡爪状"种根和次生根发黑腐烂。

2. 传染性烂芽

传染性烂芽又分绵腐型烂秧，低温高湿条件下易发病，发病初在根、芽基部的颖壳破口外产生白色胶状物，渐长出绵毛状菌丝体，后变为土褐或绿褐色，幼芽黄褐枯死（图2-30），俗称"水杨梅"。立枯型烂芽开始零星发生，后成簇、成片死亡（图2-31），初在根芽基部有水浸状淡褐斑，随后长出绵毛状白色菌丝，也有的长出白色或淡粉色霉状物，幼芽基部缢缩，易拔断，幼根变褐腐烂。

图2-28　烂芽、烂秧

图2-29　病株

图2-30　幼芽黄褐枯死

图2-31　幼苗成片死亡

（二）发生规律

低温缺氧是引起烂秧的主要原因。绵腐病和腐败病的病菌主要借灌溉水传播，水秧田易发生。立枯病菌在土壤或病残体中越冬，借气流传播，旱秧田易发生。

（三）防治方法

1. 农业防治

改进育秧方式，采用旱育秧稀植技术或采用薄膜覆盖或温室蒸气育秧；精选种子，选成熟度好、纯度高、干净的种子，浸种前晒种；选择高产、优质、抗病性强，适合当地生产条件的品种；抓好浸种催芽关，催芽要做到高温（36～38℃）露白、适温（28～32℃）催根、淋水长芽、低温炼苗；提高播种质量，日温稳定在12℃以上时方可露地育秧，播种以谷陷半粒为宜，播后撒灰，保温保湿有利于扎根竖芽；加强水肥管理，芽期以扎根立苗为主，保持畦面湿润，不能过早上水，遇霜冻短时灌水护芽。一叶展开后可适当灌浅水，2～3叶期灌水以减小温差，保温防冻，寒潮来临要灌"拦腰水"护苗，冷空气过后转为正常管理。

2. 种子处理

建立无病种子田；种子用包衣剂包衣，或用广谱性杀菌剂拌种，或用85%三氯异氰尿酸可湿性粉剂300～500倍液浸种12～24小时，捞出沥水洗净，催芽播种；50%代森铵水剂500倍液浸种12～24小时，洗净药液后催芽播种。

3. 药剂防治

首选新型植物生长剂-移栽灵混剂，如采用秧盘育秧，每盘（60厘米×30厘米）用0.2～0.5毫升，一般每盘加水0.5千克，搅拌均匀溶在水中均匀浇在床土上。或用30%甲霜恶霉灵液剂1 000倍液，或用38%恶霜菌酯600倍液，或用广灭灵水剂1 000～2 000倍液浸种24～48小时或用500～1 000倍液喷洒。发现中心病株后，首选25%甲霜灵可湿性粉剂800～1 000倍液或65%敌克松可湿性粉剂700倍液。或用40%灭枯散可溶性粉剂150克/亩对水40千克喷雾，或先用少量清水把药剂和成糊状再全部溶入110千克水中，用喷壶在发病初期浇洒。或30%立枯灵可湿性粉剂500～800倍液，或广灭灵水剂500～1 000倍液，喷药时应保持薄水层。也可在进水口用纱布袋装入90%以上硫酸铜100～200克，随水流灌入秧田。

八、水稻胡麻斑病

（一）病害特征

水稻胡麻斑病又称水稻胡麻叶枯病，全国各稻区均有发生，从秧苗期至收获期均可发病，地上部稻株均可受害，主要为害叶片，其次是稻粒。种子芽期受害，芽鞘变褐，芽难以抽出，子叶枯死。秧苗叶片、叶鞘发病，多为椭圆病斑，如胡麻粒大小，暗褐色，有时病斑扩大连片成条形，病斑多时秧苗枯死。成株叶片染病，初为褐色小点（图2-32），逐渐扩大为椭圆斑，如芝麻粒大小，病斑中央褐色至灰白，边缘褐色，周围组织有时变黄，有深浅不同的黄色晕圈，严重时连成不规则大斑（图2-33）。病叶由叶尖向内干枯，潮褐色，死苗上产生黑色霉状物（病菌分生孢子梗和分生孢子）。叶鞘上染病，病斑初椭圆形，暗褐色，边缘淡褐色，水渍状，后变为中心灰褐色的不规则大斑。穗颈和枝梗染病，受害部位暗褐色，造成穗枯。谷粒染病，早期受害的谷粒灰黑色扩至全粒造成秕谷。后期受害病斑小，边缘不明显，病重谷粒质脆易碎。气候湿润时，上述病部长出黑色绒状霉层。

图2-32　发病初期症状　　　　图2-33　发病后期症状

（二）发生规律

病菌以菌丝体在病残体或附在种子上越冬，成为翌年初侵染源。病斑上的分生孢子在干燥条件下可存活2～3年，潜伏菌丝体能存活3～4年，菌丝翻入土层中经一个冬季后失去活力。带病种子播种后，潜伏菌丝体可直接侵害幼苗，分生孢子可借风吹到秧田或本田，萌发菌丝直接穿透侵入或从气孔侵入，条件适宜时很快出现病症，并形成分生孢子，借风雨传播进行再侵染。

（三）防治方法

1. 农业防治

深耕灭茬，消灭或降低病原菌；病稻草要及时处理销毁；选择无病种子；增施腐熟有机肥做基肥，及时追肥，增加磷钾肥，特别是钾肥的施用可提高植株抗病力；酸性土壤注意排水，适当施用石灰；要浅灌勤灌，避免长期水淹造成通气不良。

2. 种子处理

用强氯清500倍液或20%三环唑1 000倍液浸种消毒。

3. 药剂防治

用20%三环唑1 000倍液，或70%甲基硫菌灵1 000倍液，或用50%多菌灵可湿性粉剂800倍液，或60%多菌灵盐酸盐可湿性粉剂1 000倍液、50%多霉威可湿性粉剂800～1 000倍液、60%甲霉灵可湿性粉剂1 000倍液，每亩需要喷洒稀释液50～60千克，间隔5～7天防治一次，连续防治2～3次效果更佳。

九、稻粒黑粉病

（一）病害特征

稻粒黑粉病又称黑穗病、稻墨黑穗病、乌米谷等，是一种真菌病害。水稻受害后，穗部病粒少则数粒，多则十数粒至数十粒。病谷米粒全部或部分被破坏，被破坏的米粒变成青黑色粉末状物（图2-34），即病原菌的冬孢子。

图2-34　稻粒黑粉病病穗

症状分为3种类型：① 谷粒不变色，在外颖背线近护颖处开裂，长出赤红色或白色舌状物（病粒的胚及胚乳部分），常黏附散出的黑色粉末；② 谷粒不变色，在内外颖间开裂，露出圆锥形黑色角状物，破裂后，散出黑色粉末，黏附在开颖部分；③ 谷粒变暗绿色，内外颖间不开裂，籽粒不充实，与青粒相似，有的变为焦黄色，手捏有松软感，用水浸泡病粒，谷粒变黑。

（二）发生规律

病菌以厚垣孢子在种子内和土壤中越冬。种子带菌随播种进入稻田和土壤带菌是主要菌源。翌年萌发产生担孢子。担孢子萌发产生菌丝或次生担孢子，次生担孢子再生菌丝。孢子借气流传播，在扬花灌浆期侵入花器为害。水稻扬花灌浆期遇高温、阴雨天气，以及偏施或迟施氮肥，水稻倒伏，会加重该病发生。

（三）防治方法

1. 农业防治

选用抗病优质水稻品种及无病种子，不在稻田留种；种谷经过精选后，可用药剂消毒处理（方法同稻瘟病）；加强肥水管理，增施磷、钾肥，防止迟施、偏施氮肥，合理灌溉，以减轻发病。

2. 化学防治

防治药剂可亩用20%三唑酮乳油80毫升，或17%三唑醇可湿性粉剂100克，或12.5%烯唑醇可湿性粉剂70克等，对水50千克喷雾。

十、水稻细菌性条斑病

（一）病害特征

水稻细菌性条斑病主要为害叶片。在水稻叶片上，病斑初时为暗绿色水渍状半透明小斑点（图2-35），很快在叶脉间扩展为暗绿色至黄褐色细条斑（图2-36），病斑两端呈浸润型绿色，病斑上常溢出大量串珠状黄色菌脓，干后呈胶状小粒。条斑可扩大到宽约1毫米，长10毫米以上，其后转为黄褐色。发病严重时，病斑融聚呈不规则的黄褐色至洁白色斑块。病株矮缩，叶片卷曲，烈日下对光看可见许多半透明条斑（图2-37）。病情严重时叶片卷曲，田间呈现一片黄白色（图2-38）。

图2-35　暗绿色水渍状病斑

图2-36　黄褐色细条斑

图2-37　半透明条斑

图2-38　大田症状

（二）发生规律

本病的初次侵染菌源主要是带病种子，其次是病稻草。播种带病种子时，种子上的病菌活动后即可侵害幼苗的根、芽鞘和子叶，引起发病。病菌主要通过气孔和伤口侵入，南方稻区在暴雨或台风发生时，稻株叶片互相摩擦，产生大量伤口，给病菌的传播和侵入造成有利条件，常使病害加重发生。本病的发生与品种抗病性有关，一般粳稻比籼稻抗病，普通稻比杂交稻抗病，高秆品种比矮秆品种抗病，糯稻最易感病。品种抗病性主要与本身气孔密度和孔口开张度的大小有关，气孔密度大、开张度也大的品种易感病。

（三）防治方法

1. 农业防治

选用抗（耐）病杂交种；早期发现病叶及早摘除烧毁或深埋，减少菌源；加强秧田、本田管理，科学灌水，培育壮苗，提高抗病能力。

2. 种子处理

建立无病种子田；种子用包衣剂包衣，用广谱性杀菌剂拌种，可用85%三氯异氰尿酸可湿性粉剂300～500倍液浸种12～24小时，捞出沥水洗净，催芽播种；50%代森铵水剂500倍液浸种12～24小时，洗净药液后催芽播种。

3. 药剂防治

在暴风雨过后及时排水施药，36%三氯异氰尿酸可湿性粉剂60克/亩、20%叶枯唑可湿性粉剂100克/亩、50%氯溴异氰尿酸水溶性粉剂60克～80克/亩、70%叶枯净胶悬剂100～150毫升/亩、20%噻唑锌悬浮剂100～125毫升/亩、20%噻森铜悬浮剂100～125毫升/亩，对水50～60千克均匀喷雾。或80%乙蒜素乳油1 000倍液、72%农用链霉素可湿性粉剂3 000～4 000倍液、77%氢氧化铜粉剂800～1 000倍液，每亩用量50～60千克均匀喷洒，间隔7～10天，交替用药连续喷施2～3次防治效果更佳。

十一、水稻赤枯病

（一）病害特征

赤枯病有下面3种类型。

1. 缺钾型赤枯病

在分蘖前始现，分蘖末发病明显，病株矮小，生长缓慢，分蘖减少，叶片狭长而软弱披垂，下部叶自叶尖沿叶缘向基部扩展变为黄褐色（图2-39），并产生赤褐色或暗褐色斑点或条斑（图2-40）。严重时自叶尖向下赤褐色枯死，整株仅有少数新叶为绿色，似火烧状。根系黄褐色，根短而少。多发生于土层浅的沙土、红黄壤及漏水田，分蘖时、气温低时也影响钾素吸收，造成缺钾型赤枯。

图2-39 自叶尖沿叶缘向基部扩展

图2-40 产生赤褐色条斑

2. 缺磷型赤枯病

多发生于栽秧后3~4周，能自行恢复，孕穗期又复发。初在下部叶叶尖有褐色小斑，渐向内黄褐干枯，中肋黄化（图2-41）。根系黄褐，混有黑根、烂根。红黄壤冷水田，一般缺磷，低温时间长，影响根系吸收，发病严重。

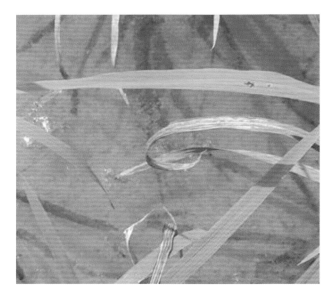

图2-41 缺磷型赤枯病病症

3.中毒型赤枯病

移栽后返青迟缓，株型矮小，分蘖很少（图2-42）。根系变黑或深褐色，新根极少，节上生迈出生根。叶片中肋初黄白化，接着周边黄化，重者叶鞘也黄化，出现赤褐色斑点，叶片自下而上呈赤褐色枯死，严重时整株死亡（图2-43）。主要发生在长期浸水，泥层厚，土壤通透性差的水田，土壤中缺氧，有机质分解产生大量硫化氢、有机酸、二氧化碳、沼气等有毒物质，使苗根扎不稳，随着泥土沉实，稻苗发根分蘖困难，加剧中毒程度。

（二）发生规律

土壤有机质含量低的、低洼冷凉田块发病较重；长期深水灌溉田发病较重，浅水间歇灌溉田发病较轻；透性差田块发病较重，漏水田发病较轻；返青肥施氮量大的发病较重，施氮少的发病轻；施钾、锌肥的发病轻；插秧后气温较高的年份较少发病，在气温较低的年份易发病；河水灌溉发病轻，井水灌溉发病较重。当气温、土温、水温提高后，赤枯病逐渐缓解。

图2-42 分蘖很少

图2-43 大田症状

（三）防治方法

防治水稻赤枯病必须采取综合性措施，以预防为主，并根据不同发生类型进行针对性防治。

1. 合理耕作

实行秋整地，使土壤形成团粒结构。减少水耙地的整地次数，减少打浆次数，地表层有1～2厘米浆层找平即可，使土壤耕层保持上糊下松状态，保持良好的通气性。

2. 合理施肥

采用测土配方施肥技术，施底肥时注意氮、磷、钾肥配合使用，缺锌地块可适当施用锌肥。

3. 加强田间管理

提高植株抗病性培育小斑点出褐色的锈斑。适时播种，培育壮苗；浅水插秧，促进分蘖，增强光照，提高水温和泥温，加速肥料分解，以提高根系的吸收利用率，促进秧苗健壮生长。深水、深插、泥温低，影响秧苗对营养物质的吸收。加强水层管理，浅水间歇灌溉；干湿交替，适时晒田。

4. 采取相应措施

对缺钾田块，应注意补施钾肥。有机酸过多的田块要撒施黑白灰（草木灰∶石灰=1∶1.5）中和毒素。低温阴雨期间，及时排掉温度较低的雨水，换灌温度较高的河水。对于已经发病的田块，要立即排水适当晒田，改善土壤通透性，提高泥温，消除毒物，减轻毒害。在追施氮肥的同时，结合配施钾肥随后耕耘，促进稻根发育，提高吸肥能力。也可在发病的田块喷施1%浓度的氯化钾或0.2%磷酸二氢钾溶液。

第三章
水稻虫害防治

一、稻蓟马

（一）为害特征

稻蓟马成虫为黑褐色，有翅，爬行很快，一生分卵、若虫和成虫3个阶段。成虫、若虫均可为害水稻、茭白等禾本科作物的幼嫩部位，吸食汁液，被害的稻叶失水卷曲，稻苗落黄（图3-1），稻叶上有星星点点的白色斑点或产生水渍状黄斑，心叶萎缩，虫害严重的内叶不能展开，嫩梢干缩，籽粒干瘪（图3-2），影响产量和品质。若虫

图3-1　稻蓟马为害叶片造成卷缩枯黄

和成虫相似，淡黄色，很小，无翅，常卷在稻叶的尖端，刺吸稻叶的汁液。由于稻蓟马很小，一般情况下，不易引起人们注意，只是当水稻严重为害而造成大量卷叶时才被发现。因此，要及时检查，把稻蓟马消灭在幼虫期。

图3-2　籽粒干瘪

（二）形态特征

1.成虫

成虫体长1～1.3毫米，黑褐色，头近似方形，触角8节，翅浅黄色、羽毛状，腹末雌虫锥形、雄虫较圆钝（图3-3）。

2.卵

卵为肾形，长约0.26毫米，黄白色。

3.若虫

若虫共4龄，4龄若虫又称蛹，长0.8～1.3毫米，淡黄色，触角折向头与胸部背面。

图3-3　稻蓟马成虫和若虫

（三）发生规律

稻蓟马生活周期短，发生代数多，世代重叠，田间世代很难划分。多数以成虫在麦田、茭白及禾本科杂草等处越冬。成虫常藏身卷叶尖或心叶内，早晚及阴天外出活动，能飞，能随气流扩散。卵散产于叶脉间，有明显趋嫩绿稻苗产卵习性。初孵幼虫集中在叶耳、叶舌处，更喜欢在幼嫩心叶上为害。若7—8月遇低温多雨，则有利其发生为害；秧苗期、分蘖期和幼穗分化期，是稻蓟马的为害高峰期，尤其是水稻品种混栽田、施肥过多及本田初期受害会加重。

（四）防治方法

1. 农业防治

冬春季及早铲除杂草，特别是秧田附近的游草及其他禾本科杂草等越冬寄主，降低虫源基数；科学规划，合理布局，同一品种、同一类型尽可能集中种植；加强田间管理，培育壮秧壮苗，增强植株抗病能力。

2. 生物防治

稻蓟马的天敌主要有花蝽、微蛛、稻红瓢虫等，要保护天敌，发挥天敌的自然控制作用。

3. 药剂防治

采取"狠治秧田，巧治大田；主攻若虫，兼治成虫"的防治策略。依据稻蓟马的发生为害规律，防治适期为秧苗四叶期、五叶期和稻苗返青期。防治指标为若虫发生盛期，当秧田百株虫量达到200～300头或卷叶株率达到10%～20%，水稻本田百株虫量达到300～500头或卷叶株率达到20%～30%时，应进行药剂防治。可亩用90%敌百虫晶体1 000倍液，或48%毒死蜱乳油80～100毫升，或10%吡虫啉可湿性粉剂20克等药剂对水50千克，田间均匀喷雾，以清晨和傍晚防治效果较好。由于受害水稻生长势弱，适当增施速效肥可帮助其恢复生长，减少损失。

二、稻苞虫

（一）为害特征

稻苞虫又叫卷叶虫，为水稻常发性虫害之一，常因其为害而导致水稻大幅度减产。稻苞虫常见的有直纹稻苞虫和隐纹稻苞虫，以直纹稻苞虫较为普遍。发生特点是成虫白天飞行敏捷，喜食糖类，如芝麻、黄豆、油菜、棉花等的花蜜。凡是蜜源丰富地区，发生为害严重（图3-4）。1～2龄幼虫在叶尖或叶边缘纵卷成单叶小卷；3龄后卷叶增多，常卷叶2～8片，多的达15片左右；

4龄以后呈暴食性，占一生所食总量的80%。白天苞内取食。黄昏或阴天苞外为害，导致受害植株矮小、穗短粒小、成熟迟，甚至无法抽穗，影响开花结实，严重时期稻叶全被吃光。稻苞虫第一代为害杂草和早稻，第二代为害中稻及部分早稻，第三代为害迟中稻和晚季稻，虫口多，为害重，第四代为害晚稻。世代重叠，第二、第三代为害最重。

图3-4　稻苞虫为害状

（二）形态特征

1. 成虫

成虫体长16~20毫米，翅展28~40毫米，体及翅均为棕褐色，并有金黄色光泽。前翅有7~8枚排成半环状的白斑，下边一个大。后翅中间具4个半透明白斑，呈直线或近直线排列（直纹稻弄蝶之名即出于此）（图3-5）。

图3-5　成虫

2. 卵

卵半球形，直径0.8～0.9毫米，初产时淡绿色，孵化前变褐色至紫褐色，卵顶花冠具8～12瓣。

3. 幼虫

幼虫两端细小，中间粗大，略呈纺锤形。末龄幼虫体长27～28毫米，体绿色，头黄褐色，中部有"W"形深褐色纹。背线宽而明显，深绿色（图3-6）。

图3-6　幼虫

4. 蛹

蛹长22～25毫米，黄褐色，近圆筒形，头平尾尖。初蛹嫩黄色，后变为淡黄褐色，老熟蛹变为灰黑褐色，第5、6腹节腹面中央有1个倒"八"字形纹（图3-7、图3-8）。

图3-7　稻苞虫初蛹

图3-8　稻叶中的稻苞虫蛹

（三）发生规律

稻苞虫在河南省每年发生4~5代。以老熟幼虫在田边、沟边、塘边等处的芦苇等杂草间，以及茭白、稻茬和再生稻上结苞越冬，越冬场所分散。越冬幼虫翌春小满前化蛹羽化为成虫后，主要在野生寄主上产卵繁殖1代，以后的成虫飞至稻田产卵。以6—8月发生的2、3代为主害代。成虫夜伏昼出，飞行力极强，以嗜食花蜜补充营养。有趋绿产卵的习性，喜在生长旺盛、叶色浓绿的稻叶上产卵；卵散产，多产于寄主叶的背面，一般1叶仅有卵1~2粒，少数产于叶鞘。单雌产卵量65~220粒。初孵幼虫先咬食卵壳，爬至叶尖或叶缘，吐丝缀叶结苞取食，幼虫白天多在苞内，清晨或傍晚，或在阴雨天气时常爬出苞外取食，咬食叶片，不留表皮，大龄幼虫可咬断稻穗小枝梗。3龄后抗药力强。有咬断叶苞坠落，随苞漂流或再择主结苞的习性。田水落干时，幼虫向植株下部老叶转移，灌水后又上移。幼虫共5龄，老熟后，有的在叶上化蛹，有的下移至稻丛基部化蛹。化蛹时，一般先吐丝结薄茧，将腹部两侧的白色蜡质物堵塞于茧的两端，再蜕皮化蛹。山区野生蜜源植物多，有利于繁殖；阴雨天，尤其是时晴时雨，有利于大发生。

（四）防治方法

1. 农业防治

合理密植，科学施肥；防旺长、防徒长，避免造成田间郁闭；收获后及时清除病残体，深耕翻细整地，使表土实确、地面平整。

2. 生物防治

保护利用寄生蜂等天敌昆虫。

3. 药剂防治

当百丛水稻有卵80粒或幼虫10～20头时，在幼虫3龄以前，抓住重点田块进行药剂防治。每亩可用90%晶体敌百虫75～100克，或50%杀螟松乳油100～250毫升等药剂，对水喷雾。

三、稻飞虱

（一）为害特征

稻飞虱种类较多，而为害较大的主要有褐飞虱、灰飞虱、白背飞虱等，全国各地及黄淮流域普遍发生。以成虫、若虫群集于稻丛下部刺吸汁液，稻苗被害部分出现不规则的小褐斑，严重时，稻株基部变为黑褐色（图3-9）。由于茎组织被破坏，养分不能上升，稻株逐渐凋萎而枯死，或者倒伏。水稻抽穗后的下部稻茎衰老，稻飞虱转移上部吸嫩穗颈，使稻粒变成半饱粒或空壳，严重时造成稻株过早干枯（图3-10）。各地因水稻茬口、飞虱种类、有效积温等不同而有较大差异，黄海流域一年发生3～6代不等，虫口密度高时迁飞转移，多次为害。

图3-9　稻株基部黑褐色症状

图3-10　大田症状

（二）形态特征

稻飞虱体型小，触角短锥状，有长翅型和短翅型（图3-11）。

图3-11　长翅型和短翅型褐飞虱

1. 褐飞虱

褐飞虱长翅型成虫体长3.6～4.8毫米，短翅型体长2.5～4毫米，短翅型成虫翅长不超过腹部，雌虫体肥大。深色型头顶至前胸、中胸背板暗褐色，有3条纵隆起线；浅色型体黄褐色。卵呈香蕉状，产在叶鞘和叶片组织内，长0.6～1毫米，常数粒至一二十粒排列成串（图3-12）。老龄若虫分5

图3-12　群聚为害的短翅型褐飞虱

龄，体长3.2毫米，初孵时淡黄白色，后变为褐色。

2. 白背飞虱

白背飞虱体灰黄色，有黑褐色斑，长翅型成虫体长3.8～4.5毫米，短翅型2.5～3.5毫米，体肥大，翅短，仅及腹部一半，头顶稍突出，前胸背板黄白色，中胸背板中央黄白色，两侧黑褐色（图3-13）。卵长约0.8毫米，长卵圆形，微弯，产于叶鞘或叶片组织内，一般7～8粒单行排列。老龄若虫体长2.9毫米，初孵时，乳白色有灰色斑，3龄后为淡灰褐色。

图3-13　白背飞虱

3. 灰飞虱

灰飞虱体浅黄褐色至灰褐色，长翅型成虫体长3.5～4毫米，短翅型体长2.3～2.5毫米，均较褐飞虱略小。头顶与前胸背板黄色，中胸背板雄虫黑色，雌虫中部淡黄色，两侧暗褐色（图3-14）。卵长椭圆形稍弯曲，双行排成块，产在叶鞘和叶片组织内。老龄若虫体长2.7～3毫米，深灰褐色。

图3-14 灰飞虱

（三）发生规律

稻飞虱具有迁飞性和趋光性，且喜趋嫩绿，暴发性和突发性强，还能传染某些病毒病，是稻区主要害虫之一。稻飞虱在各地每年发生的世代数差异很大，河南省稻区一般发生4代，世代间均有重叠现象。褐飞虱和白背飞虱属远距离迁飞性害虫，灰飞虱属本地越冬害虫，以卵在各发生区杂草组织中或以若虫在田边杂草丛中越冬。河南省褐飞虱和白背飞虱初次虫源都是从南方迁入，一般年份6月中旬开始迁入，8月下旬至10月上旬开始往南回迁，7月中旬至9月上旬是稻飞虱的发生盛期，一旦条件适宜，往往暴发成灾，通常造成水稻倒秆、"穿顶"和"黄塘"。稻飞虱成虫和若虫都可以取食为害，以高龄若虫取食为害最重。成虫有短翅型和长翅型两种，长翅型成虫适合迁飞，短翅型成虫适宜定居繁殖，其产卵量显著多于长翅型成虫，短翅型成虫大量出现时是大发生的预兆。

褐飞虱是喜温型昆虫，在北纬25°以北的广大稻区不能越冬，生长发育的适宜温度为20～30℃，最适温度为26～28℃，要求相对湿度80%以上。1只褐飞虱雌成虫能产卵300～400粒，主害代卵一般7～13天孵化为若虫，成虫寿命15～25天。褐飞虱发生为害的轻重，主要与迁入的迟早、迁入量、气候条件、品种布局和品种抗（耐）虫性、栽培技术和天敌因素有关。盛夏不热、晚秋不凉、夏秋多雨等易发生，高肥密植稻田的小气候有利其生存。

白背飞虱安全越冬的地域、温度等习性与褐飞虱近似，迁飞规律与褐飞虱大致相同，但食性和适应性较褐飞虱宽，在稻株上取食的部位比褐飞虱稍高，可在水稻茎秆和叶片背面活动，能在15～30℃下正常生存，要求相对湿度80%～90%。初夏多雨、盛夏长期干旱，易引起大发生。白背飞虱一只雌成虫可产卵200～600粒。7～11天孵化为若虫，成虫寿命16～23天，其习性与褐飞虱相似。

灰飞虱一般先集中田边为害，后蔓延田中。越冬代以短翅型为多，其余各代长翅型居多，每雌产卵量100多粒。灰飞虱耐低温能力较强，但对高温适应性差，适温为25℃左右，超过30℃发育速率延缓，死亡率高，成虫寿命缩短。7—8月降雨少的年份有利于其发生。

（四）防治方法

1. 农业防治

实施连片种植，合理布局，防止田间长期积水，浅水勤灌；合理施肥，防止田间封行过早，稻苗徒长隐蔽，增加田间通风透光。

2. 滴油杀虫

每亩滴废柴油或废机油400~500克，保持田中有浅水层20厘米，人工赶虫，虫落水触油而死亡。治完后更换清水，孕穗期后忌用此法。

3. 药物防治

施药最佳时间，应掌握在若虫高峰期，水稻孕穗期或抽穗期，每百丛虫量达1 500头以上时施药防治。可用58%吡虫啉1 000~1 500倍液，或20%吡虫·三唑磷乳油600倍液，或10%噻嗪·吡虫啉可湿性粉剂500~800倍液，每亩需要喷洒稀释药液50~60千克。注意喷药时应先从田的四周开始，由外向内，实行围歼。喷药要均匀周到，注意把药液喷在稻株中、下部。或用噻嗪酮可湿性粉剂20~25克，或20%叶蝉散乳油150毫升，对水50~60千克常规喷雾，或对水5~7.5千克超低量喷雾。在水稻孕穗末期或圆秆期—灌浆乳熟期，可用25%噻嗪·异丙威可湿性粉剂100~120克/亩、50%二嗪磷乳油75~100毫升/亩、20%异丙威乳油150~200毫升/亩、45%杀螟硫磷乳油60~90毫升/亩、25%甲萘威可湿性粉剂200~260克/亩，分别对水50~60千克均匀喷雾。可兼治二化螟、三化螟、稻纵卷叶螟等。

四、三化螟

（一）为害特征

三化螟是我国黄淮流域普遍发生的水稻主要害虫之一。常以幼虫钻入稻茎蛀食为害，造成枯心苗。苗期、分蘖期幼虫啃食心叶，心叶受害或失水纵卷，稍褪绿或呈青白色，外形似葱管，称为假枯心。把卷缩的心叶抽出，可见断面整齐，多可见到幼虫。

生长点遭到破坏后，假枯心变黄死去成为枯心苗（图3-15）。

图3-15　三化螟为害症状

（二）形态特征

1. 成虫

雌蛾体长约12毫米，前翅三角形，淡黄白色，中央有1个黑点，腹部末端有一撮黄色绒毛（图3-16）；雄蛾体长约9毫米，前翅淡灰褐色，中央小黑点比较模糊，从翅尖到后缘有1条黑色带纹。

图3-16　三化螟成虫

2. 卵

卵块长椭圆形，略扁，初产时蜡白色，孵化前呈灰黑色，每卵块有卵10～100粒，卵块上覆盖有棕色绒毛（图3-17）。

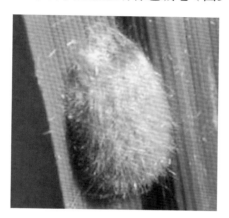

图3-17 三化螟卵孵化

3. 幼虫

一般4～5龄。初孵时灰黑色，1～3龄幼虫体黄白色至黄绿色；老熟时长14～21毫米，头淡黄褐色，身体淡黄绿色或黄白色。从3龄起，背中线清晰可见，腹足退化明显（图3-18）。

图3-18 三化螟幼虫

4. 蛹

蛹为细长圆筒状，初为乳白色，后变为黄褐色。

（三）发生规律

三化螟是一种单食性的害虫，一般只为害水稻。成虫有强烈的趋光扑灯习性，常在生长嫩绿茂密的植株上产卵。初孵幼虫叫蚁螟，孵化破卵壳后以爬行或吐丝漂移分散，自找适宜的部位蛀入为害。秧苗期蛀入较难，侵入率低。分蘖期极易蛀入，蛀食心叶，形成枯心苗。幼虫一生要转株数次，可造成3～5根枯心苗，孕穗到抽穗期为蚁螟侵入最有利时机，也是形成白穗的原因。幼虫转移有负苞转移习性。幼虫老熟后在近水面处稻茎内化蛹越冬，或以幼虫在稻桩结薄茧越冬，翌年4—5月在稻桩内化蛹。

（四）防治方法

1. 农业防治

适当调整水稻布局，避免混栽；选用抗虫性突出的优良品种，做好种子处理。

2. 物理防治

利用黑光灯、共振频率荧光灯+糖醋液诱杀成虫，减少产卵量，降低发生率。

3. 药物防治

在幼虫孵化始盛期，可用50%吡虫·乙酰甲可湿性粉剂80～100克/亩、21%丁烯氟氰·三唑磷乳油80～100毫升/亩、40%乙酰甲胺磷乳油100～150毫升/亩、5%丁烯氟虫腈悬浮剂5 060毫升/亩，对水50～60千克均匀喷雾。在水稻抽穗期，2～3龄幼虫期，可用30%毒死蜱·三唑磷乳油40～60毫升/亩、30%辛硫磷·三唑磷乳油80～100毫升/亩、40%丙溴·辛硫磷乳油100～120毫升/亩、20%毒死蜱·辛硫磷乳油100～150毫升/亩、15%甲基毒死蜱·三唑磷乳油150～200毫升/亩、20%三唑磷乳油100～150毫升/亩，分别对水50～60千克均匀喷雾，一般间隔7～10天后再次交替喷药，防效更佳。

五、二化螟

（一）为害特征

水稻二化螟是水稻为害最为严重最为普遍的常发性害虫之一，各稻区均有分布。以幼虫钻蛀植株茎秆，取食叶鞘、茎秆、稻苞等，分蘖期受害，出现枯心苗和枯鞘（图3-19）；孕穗期、抽穗期受害，出现枯孕穗和白穗（图3-20）；灌浆期、乳熟期受害，出现半枯穗和虫伤株，秕粒增多，易倒伏倒折，近年局部地区间歇发生成灾，已成为水稻主要害虫之一。

图3-19　枯心苗和枯鞘

图3-20　白穗

（二）形态特征

1. 成虫

成虫（图3-21）前翅近长方形，灰黄褐色，翅外缘有7个小黑点。雌蛾体长12～15毫米，腹部纺锤形，背有灰白色鳞毛，末端不生丛毛；雄蛾体长10～12毫米，腹部圆筒形，前翅中央有1个灰黑色斑点，下面还有3个灰黑色斑点。

图3-21　二化螟成虫

2. 卵

卵块为扁平椭圆形，几十粒至几百粒呈鱼鳞状排列成块，表层覆盖透明的胶质物，初产时呈乳白色，至孵化呈黑褐色。

3. 幼虫

幼虫一般6龄，老熟时体长20～

图3-22　二化螟幼虫

30毫米。初孵化时淡褐色，头淡黄色；2龄以上幼虫在腹部背面有5条棕色纵线；老熟幼虫呈淡褐色（图3-22）。

4.蛹

蛹呈圆筒形。初化蛹时，体由乳白色到米黄色，腹部背面尚存5条明显纵纹，以后随着蛹色逐渐变淡，5条纵纹也逐渐隐没（图3-23、图3-24）。

图3-23　二化螟蛹　　　　　图3-24　稻秆中的二化螟蛹

（三）发生规律

黄淮流域稻区二化螟一年发生2～3代，多以老熟幼虫在稻草、残茬、稻桩、杂草或寄主植物中如油菜、麦类、绿肥滋生滞育越冬，翌年温度回升后开始活动。由于越冬环境复杂、场所不同，所以越冬幼虫化蛹、羽化时间极不整齐，世代重叠现象明显，适期防治时间长，难以把握。

（四）防治方法

1. 农业防治

合理安排冬作物，越冬麦类、油菜绿肥尽量安排在虫源少的地块，减少越冬虫源基数；及时清除田间残留水稻植株根茬，避免造成越冬场所；选用抗虫性突出的优良品种，做好种子处理；冬季烧毁残茬残株，越冬期灌水杀蛹虫。

2. 物理防治

成虫具有趋光性，利用黑光灯、共振频率荧光灯+糖醋液诱杀成虫，减少产卵量，降低发生率。

3. 药物防治

用50%杀螟松乳油每亩用量50～75毫升，对水50～60千克，叶面喷雾。用20%三唑磷乳油每亩用100～200毫升，对水40～60千克叶面喷施。用18%杀虫双撒滴剂每亩用量250毫升直接甩施田中，或用25%杀虫双水剂每亩100～200毫升，对水50～60千克喷雾。

六、大螟

（一）为害特征

大螟别名稻蛀茎夜蛾、紫螟。该虫原仅在稻田周边零星发生，随着耕作制度的变化，尤其是推广杂交稻以后，发生程度显著上升，近年来在我国部分地区更有超过三化螟的趋势，成为水稻常发性害虫之一。大螟为害状与二化螟相似，以幼虫蛀入稻茎为害（图3-25），可造成枯鞘、枯心苗、枯孕穗、白穗（图3-26）及虫伤株。大螟为害的蛀孔较大，虫粪多，有大量虫粪排出茎外，受害稻茎的叶片、叶鞘部都变为黄色，有别于二化螟。大螟造成的枯心苗田边较多，田中间较少，有别于二化螟、三化螟为害造成的枯心苗。

图3-25 幼虫蛀入稻茎

图3-26 大螟造成的白穗

（二）形态特征

1. 成虫

雌蛾体长15毫米，翅展约30毫米，头部、胸部浅黄褐色，腹部浅黄色至灰白色；触角丝状，前翅近长方形，浅灰褐色，中间具4个小黑点且排成四边形。雄蛾体长约12毫米，翅展27毫米，触角栉齿状（图3-27）。

图3-27 大螟成虫

2. 卵

卵扁圆形，初白色后变灰黄色，表面具细纵纹和横线，聚生或散生，常排成2~3行。

3. 幼虫

幼虫共5~7龄，3龄前幼虫鲜黄色；末龄幼虫体长约30毫米，老熟时头红褐色，体背面紫红色（图3-28、图3-29）。

图3-28 大螟幼虫

图3-29 稻秆中的大螟幼虫

4. 蛹

蛹长13~18毫米，粗壮，红褐色，腹部具灰白色粉状物，臀棘有3根钩棘（图3-30）。

（三）发生规律

一年发生4代左右，以幼虫在稻茬、杂草根间、玉米、高

图3-30 大螟蛹

梁及茭白等残体内越冬。翌春老熟幼虫在气温高于10℃时开始化蛹，15℃时羽化，越冬代成虫把卵产在春玉米或田边看麦娘等杂草叶鞘内侧，幼虫孵化后再转移到邻近边行水稻上蛀入叶鞘内取食，蛀入处可见红褐色锈斑块。3龄前常十几头群集在一起，把叶鞘内层吃光，后钻进心部造成枯心。3龄后分散，为害田边2～3墩稻苗，蛀孔距水面10～30厘米，老熟时在叶鞘处化蛹。成虫趋光性不强，飞翔力弱，常栖息在株间。每只雌虫可产卵240粒，卵历期1代为12天，2、3代5～6天；幼虫期1代约30天，2代28天，3代32天；蛹期10～15天。一般田边比田中产卵多，为害重。稻田附近种植玉米、茭白等的地区大螟为害比较严重。

（四）防治方法

1. 农业防治

冬春期间铲除田边杂草，消灭其中越冬幼虫和蛹；早稻收割后及时翻耕沤田；早玉米收获后及时清除遗株，消灭其中幼虫和蛹；有茭白的地区，应在早春前齐泥割去残株。

2. 化学防治

根据"狠治一代，重点防治稻田边行"的防治策略，当枯鞘率达5%，或始见枯心苗为害状时，在幼虫1～2龄阶段，及时喷药防治。可亩用18%杀虫双水剂250毫升，或90%杀螟丹可溶性粉剂150～200克，或50%杀螟丹乳油100毫升等药剂，对水50千克喷雾。

七、稻纵卷叶螟

（一）为害特征

稻纵卷叶螟是水稻田常见的广谱性害虫之一，我国各稻区均有发生。以幼虫缀丝纵卷水稻叶片成虫苞，叶肉被螟虫食后形成白色条斑，严重时连片造成白叶，幼虫稍大便可在水稻心叶吐丝，把叶片两边卷成为管状虫苞，虫子躲在苞内取食叶肉和上表皮，抽穗后，至较嫩的叶鞘内为害（图3-31）。严重时，被卷的叶片只剩下透明发白的表皮，全叶枯死。

图3-31　大田为害症状

（二）形态特征

1. 成虫

成虫体长约为1厘米，体黄褐色。前翅有两条褐色横线，两线间有1条短线，外缘有1条暗褐色宽带（图3-32）。

图3-32　成虫

2. 卵

卵一般单产于叶片背面，粒小。

3. 幼虫

幼虫通常有5个龄期。一般稻田间出现大量蛾子后约1周，便出现幼虫，刚孵化出的幼虫很小，肉眼不易看见。低龄幼虫体淡黄绿色，高龄幼虫体深绿色至橘红色（图3-33、图3-34）。

图3-33　低龄幼虫

图3-34　高龄幼虫

4. 蛹

蛹体长7～10毫米，圆筒形，初淡黄色，渐变黄褐色，后转为红棕色，外常包有白色薄茧（图3-35）。

图3-35　稻纵卷叶螟蛹

（三）发生规律

稻纵卷叶螟是一种远距离迁飞性害虫，在北纬30°以北稻区不能越冬，故河南省稻区初次虫源均自南方稻区迁来。1年发生的世代数随纬度和海拔高度形成的温度而异，河南省稻区一般1年发生4代，常年6月上旬至7月中旬从南方稻区迁来，7月上旬至8月上旬为主害期。该虫的成虫有趋光性，栖息趋隐蔽性和产卵趋嫩性，且能长距离迁飞。成虫羽化后2天常选择生长茂密的稻田产卵，产卵位置因水稻生育期而异，卵多产在叶片中脉附近。适温高湿产卵量大，一般每雌产卵40～70粒，最多150粒以上；卵多单产，也有2～5粒产于一起。气温22～28℃、相对湿度80%以上，卵孵化率可达80%以上。1龄幼虫在分蘖期爬入心叶或嫩叶鞘内侧啃食，在孕穗抽穗期，则爬至老虫苞或嫩叶鞘内侧啃食。2龄幼虫可将叶尖卷成小虫苞，然后吐丝纵卷稻叶形成新的虫苞，幼虫潜藏虫苞内啃食。幼虫蜕皮前，常转移至新叶重新做苞。4～5龄幼虫食量占总取食量95%左右，为害最大。老熟幼虫在稻丛基部的黄叶或无效分蘖的嫩叶苞中化蛹，有的在稻丛间，少数在老虫苞中。

该虫喜欢生长嫩绿、湿度大的稻田。适温高湿情况下，有利于成虫产卵、孵化和幼虫成活，因此，多雨日及多露水的高湿天气有利于稻纵卷叶螟发生。多施氮肥、迟施氮肥的稻田发生量大，为害重。水稻叶片窄、生长挺立（田间通风透光好）、叶面多毛的品种不利于稻纵卷叶螟发生；水稻叶片宽、生长披垂（田间通风透光差）、叶面少毛的品种有利于稻纵卷叶螟发生。若遇冬季气温偏高，其越冬地界北移，翌年发生早；夏季多台风，则随气流迁飞机会增多，发生会加重。

（四）防治方法

1. 农业防治

合理密植，科学施肥，注意不要偏施氮肥和过晚施氮肥，防止徒长；培育壮苗，提高植株抗虫能力。

2. 药剂防治

在水稻孕穗期或幼虫孵化高峰期至低龄幼虫期是防治关键时期，每百丛水稻有初卷小虫苞15～20个，或穗期每百丛有虫20头时施药。每亩用15%粉锈宁可湿性粉剂800～1 000倍液+90%敌百虫1 000～1 500倍液喷雾，按50～60千克常规喷雾或超低量喷雾，可有效防治稻纵卷叶螟、稻苞虫，还可兼治稻纹枯病、稻曲病、稻粒黑粉病等多种穗期病害。应掌握在幼虫2龄期前防治效果最好。一般用20%氯虫苯加酰胺乳油10毫升/亩、40%氯虫·噻虫嗪8~10克/亩、31%唑磷·氟啶脲乳油6 070毫升/亩、3%阿维·氟铃脲可湿性粉剂50~60克/亩、10%甲维·三唑磷乳油100~120毫升/亩、2%阿维菌素乳油25~50毫升/亩，或用25%杀虫双水剂150~200毫升/亩，或50%杀螟松乳油60毫升/亩，分别对水50~60千克常规喷雾，或对水5~7.5千克低量喷雾。

八、稻蝽蟓

（一）为害特征

蝽蟓种类主要有稻绿蝽、稻棘缘蝽，一般各稻区都有分布为害状。以成虫、若虫用口器刺吸茎秆汁液、谷粒汁液，造成植株枯黄或秕谷（图3-36），减产甚至失收。成虫、若虫具有假死性，成虫具有趋光性，主要为害水稻植株及穗粒，防治适期为水稻抽穗期。

图3-36　大田为害状

（二）形态特征

为害水稻的稻蝽蟓主要属于半翅目的蝽科和缘蝽科两个科，常见的有稻绿蝽（图3-37）、稻黑蝽（图3-38）、大稻缘蝽（图3-39）、稻棘缘蝽（图3-40）等，均属局部地区间歇性为害的害虫。其中前两者属蝽科，后两者属缘蝽科。稻绿蝽在我国各地均有发生。稻黑蝽、大稻缘蝽、稻棘缘蝽则分布于长江流域与华南各省。多数种类除为害水稻外，还为害小麦、玉米、豆类以及各种杂草。

图3-37　稻绿蝽

图3-38　稻黑蝽

图3-39　大稻缘蝽

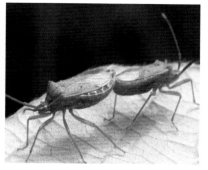

图3-40　稻棘缘蝽

（三）发生规律

稻蝽蟓是罕见的迁飞性水稻害虫。在早上6—7时或者下午6时之后到田间观看水稻上是否聚集稻蝽蟓。一般稻蝽蟓分为很多种，有圆形的，有长形的。如果在水稻上聚集的比较多的话，那就是稻蝽蟓为害。

（四）防治方法

1. 农业防治

经常清除田间地边及附近杂草，调节播种期，使水稻抽穗期避开蝽蟓发生高峰期；统一作物布局，集中连片种植。

2. 物理防治

黑光灯+糖醋液诱杀成虫，减少产卵量，降低发生几率。

3. 药剂防治

防治适期在水稻抽穗期到乳熟期进行，防治指标为百丛（兜）虫量8～12头；在早晚露水未干时喷药效果最好。每亩可选用80%敌敌畏乳油75～100毫升、或40%毒死蜱乳油50～75毫升、或20%三唑磷乳油100毫升、或2.5%溴氰菊酯20～30毫升、或2.5%氯氟氰菊酯乳剂20～30毫升、或10%吡虫啉可湿性粉剂50～75克，分别对水50～60千克混匀喷雾。

九、稻象甲

（一）为害特征

稻象甲别名稻象。分布在我国北起黑龙江，南至广东、海南，西抵陕西、甘肃、四川和云南，东达沿海各地和台湾。寄主为稻、瓜类、番茄、大豆、棉花，成虫偶食麦类、玉米和油菜等。成虫以管状喙咬食秧苗茎叶，被害心叶抽出后，为害较轻的呈现一横排小孔（图3-41），为害较重的秧叶折断，飘浮于水面。幼虫食害稻株幼嫩须根，致叶尖发黄，生长不良。严重时不能抽穗，或造成秕谷，甚至成片枯死。

图3-41　稻象甲为害造成整齐的小孔

（二）形态特征

1. 成虫

成虫体长约5毫米，体灰黑色，密被灰黄色细鳞毛，头部延伸成稍向下弯的喙管，口器着生在喙管的末端，触角端部稍膨大，黑褐色。鞘翅上各具10条细纵沟，内侧3条色稍深，且在2～3条细纵沟之间的后方，具1块长方形白色小斑（图3-42）。

图3-42　稻象甲成虫

2. 卵

卵椭圆形，长0.6～0.9毫米，初产时乳白色，后变为淡黄色半透明而有光泽。

3. 幼虫

末龄幼虫体长9毫米左右，头褐色，体乳白色，肥壮多皱纹，弯向腹面，无足。

4. 蛹

蛹长约5毫米，腹面多细皱纹，末节具1对肉刺，初白色，后变灰色。

（三）发生规律

浙江1年发生1代；江西、贵州等地部分1年发生1代，多为2代；广东1年发生2代。1代区以成虫越冬，1、2代交叉区和2代区也以成虫为主，幼虫也能越冬，个别以蛹越冬。幼虫、蛹多在土表3～6厘米深处的根际越冬，成虫常蛰伏在田埂、地边杂草落叶下越冬。江苏南部地区越冬成虫于翌年5—6月产卵，10月间羽化。江西越冬成虫则于翌年5月上中旬产卵，5月下旬第1代幼虫孵化，7月中旬至8月中下旬羽化。第2代幼虫于7月底至8月上中旬孵化，部分于10月化蛹或羽化后越冬。一般在早稻返青期为害最重。第1代约2个月，第2代长达8个月，卵期5～6天，第1代幼虫60～70天，越冬代的幼虫期则长达6～7个月。第1代蛹期6～10天，成虫早晚活动，白天躲在秧田或稻丛基部株间或田埂的草丛中，有假死性和趋光性。产卵前先在离水面3厘米左右的稻茎或叶鞘上咬1个小孔，每孔产卵13～20粒；幼虫喜聚集在土下，食害幼嫩稻根，老熟后在稻根附近土下3～7厘米处筑土室化蛹。通气性好，含水量较低的沙壤田、干燥田、旱秧田易受害。春暖多雨，利其化蛹和羽化，早稻分蘖期多雨利于成虫产卵。

年发生1～2代的地区，一般在单季稻区发生1代，双季稻或单、双季混栽区发生两代。以成虫在稻茬周围、土隙中越冬为主，也有在田埂、沟边草丛松土中越冬，少数以幼虫成蛹在稻茬附近土下3～6厘米深处做土室越冬。成虫有趋光性和假死性，善游水，好攀登。卵产于稻株近水面3厘米左右处，成虫在稻株上咬1个小孔产卵，每处3～20粒不等。幼虫孵出后，在叶鞘内短暂停留取食后，沿稻茎钻入土中，一般都群聚在土下深2～3厘米处，取食水稻的幼嫩须根和腐殖质，一丛稻根处多的有虫几十条发生为害。其数量丘陵、半山区比平原多，通气性好、含水量较低的沙壤田、干燥田、旱秧田易受害。春暖多雨，利其化蛹和羽化，早稻分蘖期多雨利于成虫产卵。

（四）防治方法

1. 农业防治

注意铲除田边、沟边杂草，春耕沤田时多耕多耙，使土中蛰伏的成、幼虫浮到水面上，之后捞起深埋或烧毁；可结合耕田，排干田水，然后撒石灰或茶子饼粉40～50千克，可杀死大量虫口。

2. 物理防治

利用成虫喜食甜食的习性，用糖醋稻草把、南瓜片、山芋片等诱捕成虫，还可以在成虫盛发期，用黑光灯诱杀，效果较好。

3. 化学防治

在稻象甲为害严重的地区，已见稻叶受害时，可用20%三唑磷乳油1 000倍液喷雾，效果较好，也可使用50%杀螟松乳油800倍液或90%敌百虫晶体600倍液喷雾。

十、黑尾叶蝉

（一）为害特征

黑尾叶蝉别名黑尾浮沉子。广泛分布于我国各稻区，尤以长江中上游和西南各省发生较多，是我国稻叶蝉的优势种。寄主有水稻、茭白、慈姑、小麦、大麦、看麦娘、李氏禾、结缕草、稗草等。取食和产卵时刺伤寄主茎叶，破坏输导组织，受害处呈现棕褐色条斑，致植株发黄或枯死（图3-43）。该虫还能传播水稻普通矮缩病、黄萎病（图3-44）和黄矮病（图3-45）。

图3-43　黑尾叶蝉成虫
为害状

图3-44　水稻黄萎病
病株

图3-45　水稻黄矮病
病株

（二）形态特征

1.成虫

成虫体长4.5～6毫米，黄绿色。头与前胸背板等宽，向前成钝圆角突出，头顶复眼间接近前缘处有1条黑色横凹沟，内有1条黑色亚缘横带。复眼黑褐色，单眼黄绿色。雄虫额唇基区黑色，前唇基及颊区为淡黄绿色；雌虫颜面为淡黄褐色，额唇基的基部两侧区各有数条淡褐色横纹，颊区淡黄绿色。前胸背板两性均为黄绿色，小盾片黄绿色。前翅淡蓝绿色，前缘区淡黄绿色，雄虫翅端1/3处黑色，雌虫为淡褐色（图3-46）。雄虫胸、腹部腹面及背面黑色，雌虫腹面淡黄色，腹背黑色，各足黄色。

图3-46　黑尾叶蝉成虫

2. 卵

卵长茄形，长1～1.2毫米。

3. 若虫

若虫共4龄，末龄若虫体长3.5～4毫米。

（三）发生规律

黑尾叶蝉在田间世代重叠，江浙一带年发生5～6代，以3～4龄若虫及少量成虫在绿肥田边、塘边、河边的杂草上越冬。越冬若虫多在4月羽化为成虫，迁入稻田或茭白田为害，少雨年份易大发生。6月上中旬为害早稻抽穗期和晚稻秧田；第六代于8月中下旬为害晚稻孕穗和抽穗期，这几个时期发生数量大，为害较严重。此虫一般从田边向田中蔓延，田边稻株受害较重。成虫趋光性强，并趋向嫩绿稻株产卵。卵多产在叶鞘边缘内侧，少则几粒多则超过30粒，排成单行卵块，每雌产卵几十粒至300多粒。若虫喜栖息在植株下部或叶片背面取食，有群集性，3～4龄若虫尤其活跃，受害严重的植株枯萎。10月开始回迁稻田周围杂草丛中越冬。主要天敌有褐腰赤眼蜂、捕食性蜘蛛等。

（四）防治方法

1. 农业防治

各种绿肥田翻耕前或早晚稻收割时，铲除田边、沟边杂草，减少越冬虫源；栽种抗、耐虫水稻品种。

2. 生物防治

放鸭啄食，撒施白僵菌粉。

3. 物理防治

成虫盛发期利用频振式杀虫灯诱杀。

4. 化学防治

重点对秧田、本田初期和稻田边行进行化学防治，病毒病流行地区要做到灭虫在传毒之前。施药应掌握在2、3龄若虫期进行。可亩用10%吡虫啉可湿性粉剂2 500倍液，或2.5%保得乳油2 000倍液，或20%叶蝉散乳油500倍液，或18%杀虫双水剂500倍液等药剂，均匀喷雾。

十一、中华稻蝗

（一）为害特征

中华稻蝗主要为害水稻等禾本科作物及杂草，各稻区均有分布，是水稻上的重要害虫。中华稻蝗成、若虫均能取食水稻叶片，造成缺刻（图3-47、图3-48），严重时稻叶被吃光，也可咬断稻穗和乳熟的谷粒，影响产量。

图3-47　中华稻蝗为害水稻幼苗

图3-48　中华稻蝗啃食水稻叶片

（二）形态特征

1. 成虫

雌虫体长20～44毫米，雄虫体长15～33毫米；全身黄褐色或黄绿色，头顶两侧在复眼后方各有1条暗褐色纵纹，直达前胸背板的后缘。体分头、胸、腹三部分（图3-49）。

2. 卵

卵似香蕉形，深黄色，卵成堆，外有卵囊。

3. 若虫

若虫称蝗蝻，体比成虫略小，无翅或仅有翅芽，一般6龄（图3-50）。

图3-49　中华稻蝗成虫

图3-50　中华稻蝗若虫

（三）发生规律

1. 发生世代和发生时期

中华稻蝗每年发生1代，以卵在土表层越冬，3月下旬至清明前孵化，一般6月上旬出现成虫。低龄若虫在孵化后有群集生活习性，取食田埂沟边的禾本科杂草；3龄以后开始分散，迁入秧田食害秧苗，水稻移栽后再由田边逐步向田内扩散；4龄起食量大增，且能咬茎和谷粒，至成虫时食量最大，扩散到全田为害。7—8月时水稻拔节孕穗期是稻蝗大量扩散为害期。

2. 影响其发生的因素

该虫的发生与稻田生态环境、气候等有密切的关系。田埂边发生重于田中间，因蝗虫多就近取食，且田埂日光充足，有利其活动；老稻区发生重，新稻区发生轻，因老稻田卵块密度大，基数大；田埂湿度大，环境稳定，有利其发生；一年一熟田发生重，两熟田发生轻；冬春气温偏高有利于其越冬卵的成活、孵化和为害。

（四）防治方法

1. 农业防治

稻蝗喜在田埂、地头、沟渠旁产卵，发生重的地区组织人力于冬春铲除田埂草皮，破坏其越冬场所。

2. 生物防治

放鸭啄食及保护和利用青蛙、蟾蜍等天敌，可有效抑制稻蝗发生。

3. 化学防治

利用3龄前稻蝗群集在田埂、地边、渠旁取食杂草嫩叶特点，突击防治。当进入3～4龄后常转入大田，当百株有虫10头以上时，每亩应及时使用70%吡虫啉可湿性粉剂2克，或25%噻虫嗪水分散粒剂4～6克，或2.5%溴氰菊酯乳油20～30毫升等药剂，对水50千克喷雾，均能取得良好防效。

参考文献

车艳芳. 2014. 现代水稻高产优质栽培技术[M]. 石家庄：河北科学技术出版社.

冯延江. 2008. 优质绿色水稻栽培关键技术[M]. 哈尔滨：黑龙江科学技术出版社.

娄金华，苗兴武. 2016. 水稻栽培技术[M]. 东营：中国石油大学出版社.

彭红，朱志刚. 2017. 水稻病虫害原色图谱[M]. 郑州：河南科学技术出版社.

张桂兰，吴剑南，王丽. 2016. 主要农作物病虫害识别与防治[M]. 郑州：中原农民出版社.

朱旭东，黄璜. 2010. 水稻无公害高效栽培技术[M]. 长沙：湖南科学技术出版社.